CHRISTA LUDWIG

HIMMELSHUF UND MÄHNENMEER

CHRISTA LUDWIG

HIMMELSHUF UND MÄHNENMEER

FOTOS VON WOLFGANG SCHMIDT

VERLAG FREIES GEISTESLEBEN

1. Auflage 2011

Verlag Freies Geistesleben
Landhausstraße 82, 70190 Stuttgart
Internet: www.geistesleben.com

ISBN 978-3-7725-2367-0

Fotos: Wolfgang Schmidt
Umschlag & Gestaltungskonzept: Maria A. Kafitz
Satz: Bianca Bonfert
Druck: Gorenjski tisk storitve
Printed in Slovenija

INHALT

LAVENDELPFERDE

Spielende Pferde. Alfonso fand diese Vorführung nur langweilig und er war hier der Chef.

«Was können die noch?», fragte er.

Neto stand in der Reithalle. Er hatte zwei weiße Gerten in der Hand.

Damit gab er den beiden grauen Araberhengsten kleine Zeichen.

Sie galoppierten umeinander herum. Sie jagten sich.

Sie standen auf den Hinterbeinen.

Oder sie stupsten sich mit den Nüstern an.

Spielende Pferde, wie man sie auf der Weide sieht. Langweilig?
Neto ließ die Gerten sinken. Er ging in die Mitte der Halle.
Pardal saß auf der Tribüne der Reithalle. Er hatte sich so dicht neben seine Mutter gesetzt, dass sich ihre Arme berührten. Und seine Mutter hatte ihn verstanden: Sie durfte ihn nicht in den Arm nehmen, ihren zitternden Jungen, er war ja schon zwölf. Aber er brauchte ihre Stütze, wenn sein geliebter Vater mal wieder von Alfonso niedergemacht wurde.

«Ist das alles, was du den Gäulen in den drei Monaten beigebracht hast?», brüllte Alfonso von der Tribüne auf Neto hinunter. «Die rennen doch nur rum! Das tun sie auch ohne dich!»
«Das musst du anders sehen», verteidigte Pardals Mutter ihren Mann.
«Ich sehe, was da zu sehen ist!», polterte Alfonso. «Und genauso würde das auch ein Publikum sehen. So etwas können wir nicht anbieten. Was dein unfähiger Mann da in drei Monaten zusammengebastelt hat, ist keine Zirkusnummer, sondern … sondern …»
«… ein Bild aus einem von Marisols Kinderbüchern», half ihm einer seiner Brüder.
«Au, ja!», rief seine kleine Tochter Marisol.
Sie war sieben und las stapelweise Pferdebücher, allerdings meist über Einhörner.
«Ihr habt nichts kapiert», sagte Pardals Mutter. «Die Pferde rennen nicht einfach herum. Neto dirigiert sie. Er lässt sie tanzen. Sie zeigen sich in ihrer vollkommenen Schönheit. Und es fehlt noch die Musik dazu. Neto kann das taktgenau auf Musik setzen.»
«Unsinn!» Alfonso stand auf. «Für den Zirkus braucht man Sensationen, das ist keine Sensation.»
Er ging. Damit war das wohl erledigt. Alfonso, Chef der Truppe *Los Garcías, Vögel unter der Zirkuskuppel* würde seinem Schwager nicht das Geld für die Araber geben, damit Neto eine Pferdenummer aufbauen konnte. Und Pardal würde weiterhin von Trapez zu Trapez fliegen müssen. Er wollte das nicht. Er hatte Angst. Viel lieber wollte er mit seinem Vater Pferde ausbilden.
Seine Mutter nahm ihn nun doch in den Arm. Ihre fünf Brüder waren gegangen und konnten ihn nicht mehr verspotten. Ihre Tochter – sie

schaute sich noch einmal um – ja, auch Catalina war fort und würde keine Gelegenheit haben, den kleinen Bruder mal wieder als feiges Mama-Papa-Söhnchen zu verlachen. Pardal war allein mit allen, die er liebte: die Mutter, den Vater, die beiden Pferde.
«Wir geben das noch nicht auf», flüsterte die Mutter ihm zu. «Ungefähr zwei Monate sind wir noch hier. Ohne die Hengste für die Pferdenummer von Pa gehe ich hier nicht weg. Ich spiele schließlich auch eine Rolle in der Truppe.»
Das tat sie! Sie war die Schwalbe der Vogelnummer. Mit ausgebreiteten Armen flog sie durch die Luft von Trapez zu Trapez. Erst im letzten Augenblick, bevor sie nach den Händen eines ihrer Brüder griff, der sie in tödlicher Höhe unter der Zirkuskuppel auffangen musste, erst in allerletzter Sekunde warf sie die Arme nach vorn und löste damit die Schwalbenform auf. Dazu brauchte man Nerven und Mut. Alfonso hatte das auch. Er flog als Adler durch das Zirkuszelt. Pardals Nerven hielten so etwas nicht aus. Aber seine Schwester war so gut, dass die Garcías für sie die Vogelnummer um ein anderes fliegendes Tier erweitert hatten. Sie hielt die Arme so unerschütterlich zur Seite gestreckt, während sie von Trapez zu Trapez flog, dass sie keine Taube und kein Kolobri sein sollte. Sie brauchte mehr schillernden Stoff in der Luft. Und so wurde sie Catalina Mariposa, Catalina Schmetterling, mal Tagpfauenauge, mal Schwalbenschwanz.
Doch Pardal konnte das nicht. Kaum hatte ihn ein Onkel vom Trapez geschleudert, da hatte er schon die Arme nach vorn gereckt, sie langten während des gesamten Fluges ängstlich nach den Händen des anderen Onkels. So fliegen keine Vögel und keine Schmetterlinge, so springt eine Katze.

«Passt doch», hatte Alfonso verächtlich gegrinst. «Er hat ja auch so kurze Beine wie ein Kater.»
Darum hatte er ein geflecktes Kostüm bekommen und musste seinen Namen Manuel abgeben für *Pardal, der Leopard*. Vom niedrigsten Trapez flog er und hatte Angst.
Angst hockt am Boden, dachte er oft. Sie kriecht unsere Beine hinauf durch den Körper bis ins Herz. Aber die Garcías haben ja alle so lange Beine wie Windhunde, auch Catalina, gerade die, und die Angst kommt nicht mal bis in ihren Bauch. Wir haben Dackelbeine, Pa und ich. Wir haben Angst.
Keiner ihrer Brüder hatte verstanden, warum seine Mutter diesen Versager aus Südamerika geheiratet hatte, der nichts konnte als Pferde ausbilden und vielleicht noch Hunde, aber keine Löwen.
«Pferde gehören zum Zirkus», wiederholte Pardals Mutter immer wieder.
Das gaben ihre Brüder zu. Aber eine Freiheitsdressur mit Pferden hatte jeder Hinterwaldzirkus im Programm. Neto sollte etwas Besonderes bieten. Eine Sensation!
Pardal machte sich auf die Suche nach der Sensation.
Am nächsten Tag bekam er dafür eine unerwartete Hilfe: die kleine Marisol. Sie kannte sich aus mit sensationellen Pferden.
Seine Familie verbrachte die Winterpause wie immer auf dem Arabergestüt von Joachim Stellmacher. Diesen sehr nützlichen Kontakt hatte Neto vermittelt. Stellmacher schätzte Pardals Vater als hervorragenden Ausbilder für Jungpferde. Er stellte der Truppe das Haus seiner Eltern zur Verfügung, denn die verbrachten den Winter auf den Kanarischen Inseln, und Neto bedankte sich dafür, indem er die Jungpferde ans Halfter, den Pferdetransporter und den Schmied gewöhnte. In der

Reithalle konnten die Artisten trainieren. Dreimal in der Woche aber mussten *Los Garcías* zum Übungszelt eines in der Nähe überwinternden Zirkus fahren, um das neue Programm ihrer Trapeznummer einzuüben. Marisol weigerte sich mitzufahren. Pardal wurde verdonnert, bei ihr zu bleiben, man brauchte ihn dort im Übungszelt nicht. Seit Jahren zeigte er ja nichts anderes als den kleinen Leopardensprung.
«Komm, wir gehen Pferde gucken», sagte er zu der Kleinen.
Damit – und nur damit – konnte er seine Cousine von den Stapeln ihrer Bücher weglocken. Sie legte den neuesten Band des *Magischen Ponys* beiseite und schob ihre kleine Hand in Pardals krallenlose Leopardentatze.
«Kriegt dein Pa nun die beiden Araber?», fragte sie.
«Nein», seufzte Pardal, «Alfonso findet die Nummer langweilig. Die Pferde sollen was Irres machen, sonst kauft er sie nicht.»
«Das Magische Pony», erzählte Marisol, «kann auf den Vorderbeinen laufen. Dabei wedelt es mit dem Schweif wie ein Hund und dann fällt ein Stern vom Himmel …»
«So was brauchen wir», stimmte Pardal zu. «Komm, wir besuchen Yasid. Der muss nicht auf den Vorderbeinen laufen. Er *ist* eine Sensation. Finde ich. Er ist noch in seiner Box. Herr Stellmacher hat erlaubt, dass ich ihn rauslasse.»
Als sie sich dem Stallgebäude näherten, sahen sie durch das Boxenfenster den Zuchthengst unruhig herumspringen.
«Er ist ein Einhorn!», rief Marisol. «Pardal, dein Pa macht eine Nummer mit Einhörnern!»
«Super», nickte Pardal. «Er hat nur leider kein Horn.»
«Nein, das kann man von hier ja nicht sehen. Aber er ist genauso wie das Einhorn in *Einhornzauber*.»

«Bleib hier draußen», Pardal dirigierte die Kleine zum Koppelzaun, «ich lass ihn raus.»
Und dann hatte er eigentlich seine Sensation. Yasid war zwar kein Einhorn ohne Horn, aber ohne Zweifel ein Pegasus ohne Flügel.
Alfonso versteht das nicht, dachte Pardal. Wie kriege ich eine Sensation, die Alfonso versteht?
Yasid wälzte sich und verdreckte sein schimmerndes Schimmelfell. Pardal wusste, dass er den Hengst nun noch eine Weile allein lassen sollte. Erst wenn der sich ausgetobt hatte, wollte er gestreichelt werden.

So kletterte Pardal wieder aus der Koppel, hob Marisol vom Zaun und führte sie zu den Stuten in den Abfohlboxen. Vor der jungen Araberstute Sameth, die in den nächsten Tagen ihr erstes Fohlen erwartete, stand Joachim Stellmacher mit einem Mann, den Pardal nicht kannte. Er nickte dem Jungen zu und sagte: «Das Fohlen kommt bald. Ich wecke dich. Und wenn es mitten in der Nacht ist. Versprochen!»
«Sie ist doch eine Yasid-Tochter?», fragte der Fremde.
«Genau! Dies ist das erste Fohlen von einer Stute, die ich selber gezüchtet habe», bestätigte Herr Stellmacher stolz.
«Dann ist Yasid aber nicht der Vater von dem Fohlen?»
«Oh nein, so eine enge Inzucht will ich nicht. Ich habe Sameth von einem ägyptischen Araber decken lassen, junger Hengst noch, aber sehr gute Abstammung. Sie kennen ihn wahrscheinlich nicht. Al Ahad aus der Burkani-Linie.»
Es entstand eine Pause, in der sich langsam ein stilles Entsetzen ausbreitete.
«Aber», begann der Fremde zögernd, «Sameth stammt nicht aus einer ägyptischen Linie?»
«Doch. Natürlich!» Stellmachers Stimme klang verunsichert. «Welches gute arabische Pferd führt kein ägyptisches Blut? Sie kommt auch aus der Burkani-Linie, aber das ist keine enge Inzucht. Warum …»
«Na ja», der Fremde räusperte sich, «wenn sie nicht gerade Farid in der Familie hat …»
«Natürlich ist sie mit Farid verwandt.» Stellmacher wurde etwas laut. «Was ist denn? Haben Sie irgendwelche Infos über Al Ahad?»
Pardal bekam eine Gänsehaut.
«Können wir gehen?», flüsterte Marisol. «Ich will weg.»

«Nun, es ist sein erster Fohlenjahrgang», begann der Fremde, «zehn sind bereits geboren. Zwei davon sind Lavendelpferde. Zwei! Das ist eine Sensation.»
Pardal zuckte zusammen. Die Gänsehaut jagte über seinen ganzen Körper und lief davon. Zurück blieb ein heißes, prickelndes Gefühl und ein pochendes, bis in den Hals schlagendes Herz.
Lavendelfohlen! Er hatte das Wort noch nie gehört. Auch sein Vater hatte noch nie davon gesprochen. Einhorn, Pegasus, magische Ponys – so etwas kannten alle aus Marisols Büchern. Aber ein Lavendelfohlen war eine echte Sensation! Und das schien es wirklich zu geben. Was immer es war, er musste es haben. Auch Alfonso würde das einsehen und Sameths Fohlen kaufen!
Er hatte den Männern nicht mehr zugehört. Erst als Marisol an seiner Hand zog und «Ich will weg!» flüsterte, wandte er sich den beiden wieder zu.
«Es ist nicht wahrscheinlich», sagte der Fremde. «Es wäre ein verrückter Zufall. Aber dass Al Ahad den Lavendelfaktor vererben kann, daran ist kein Zweifel.»
«Dann wird dies sein einziger Fohlenjahrgang sein», meinte Stellmacher. «Sie müssen ihn aus der Zucht nehmen.»
«Die Stuten auch», bestätigte der Fremde, «die Mütter der beiden Fohlen.»
«Und wenn Sameth wirklich ein Lavendelfohlen trägt», meinte Stellmacher, «dann verliere ich ein Fohlen und meine beste Stute als Zuchtstute.»
«Machen Sie sich mal keine Sorgen», beruhigte der Fremde. «Mit zwei ist die statistische Wahrscheinlichkeit schon weit überzogen.»

Wo sind die zwei?, dachte Pardal. Ich muss sie finden. Mit Sameths Fohlen sind es dann drei. Lavendel – wie mögen sie aussehen?
Dann folgte er Marisols zuckender Hand, die ihn nach draußen drängte. Sie kehrten zurück zu Yasid.
«Hast du zugehört?», fragte Pardal. «Haben sie gesagt, wie so ein Lavendelfohlen aussieht?»
«Sie wollen es nicht», war Marisols Antwort. «Sie haben Angst.»
Es ist blau, dachte Pardal, lavendelblau. Eine Zirkusnummer mit Lavendelpferden, etwas gespenstisch wie Geisterpferde aus einer anderen Welt. So etwas hat es noch nie geben!
«Es muss doch einen Grund haben, dass man die Pferde lavendel nennt», sagte er laut.
«Vielleicht riechen sie so», meinte Marisol. «Das Magische Pony riecht auch manchmal wie Lavendel, aber meist wie Rosen.»
«Unsinn!», wehrte Pardal ab. Mit solchen Düften konnte ein Zirkus nichts anfangen. «Hast du mitgekriegt, wo die beiden anderen Lavendelfohlen sind? Ich muss sie finden.»
«Die sind doch tot. Du bist dumm, Pardal, die haben sie doch totgemacht.»
Pardal erschrak.
Was sie für Angst vor diesen Pferden haben, dachte er. Ich muss Sameths Fohlen retten. Sie haben ja mehr Angst vor ihnen als vor Löwen. Alfonso wird zufrieden sein.
Er selber hatte keine Angst vor Pferden, nie. Auch nicht, wenn es blaue Geisterpferde waren.
«Jetzt können wir Yasid streicheln», sagte er.
Der Schimmel sah ihnen entgegen.

Als Zuchthengst war er ja meist allein auf der Weide.
«Marisol, du bleibst am Zaun», bestimmte Pardal. «Und pass mal gut auf. Wenn ich sage ‹Jetzt!›, streckst du ihm die Zunge raus.»
Er streichelte zuerst den weißen Hals, dann die kleinen beweglichen Ohren und die breite Stirn über den zitronenförmigen Augen des Arabers. Das alles konnten Pferde miteinander auch tun. Aber nur Menschen haben Finger. Niemand außer Pardal hatte Yasid tief unter dem Kehlgang gekrault, genau zwischen Kopf und Hals. Wie immer, wenn er das tat, gab Yasid kleine grunzende Laute von sich.
«Jetzt!», sagte Pardal.
Marisol beugte sich über den Koppelzaun und streckte Yasid die Zunge heraus. Der Hengst beachtete sie nicht.

Er grunzte etwas lauter und leckte sich mit seiner langen Zunge über die Lippen.

«Er hat mir die Zunge rausgestreckt!», rief Marisol. «Pardal, daraus machen wir eine Zirkusnummer! So was kann nicht mal das Magische Pony! Das ist eine Sensation.»

Aber Pardal zuckte die Achseln.

«Ich glaube nicht, dass Alfonso so was toll findet.»

Am frühen Nachmittag des nächsten Tages stand Pardal wieder vor Sameths Box.

«Kommt das Fohlen heute?», fragte er René, den Pferdepfleger.

«Spätestens morgen», vermutete René. «Ich brauch dich jetzt noch nicht. Ich fang mit der Stallarbeit erst in einer Stunde wieder an.»

«Weißt du, was ein Lavendelfohlen ist?», fragte Pardal weiter.

«Keine Ahnung», René zuckte die Achseln, «aber ich hab mitgekriegt, dass der Chef zum Tierarzt gesagt hat, am Telefon, dass er das Fohlen vielleicht einschläfern muss. Wenn es ein Lavendelfohlen ist. Und der Tierarzt hat was gefragt. Hab ich ja nicht gehört, was. Und der Chef hat gesagt: ‹Ja, sieht man sofort, weil sie blau sind, ganz hell.›»

Pardal besuchte seine Freunde auf der Weide. Er war sehr aufgeregt, denn nun wusste er es: Ja, sie sind blau! Was für eine Sensation!

Aber Herr Stellmacher würde das Fohlen töten lassen. Warum hatte er solche Angst vor diesen Pferden? Aber Angst war gut! Angst gehörte zur Sensation! Zumindest für Alfonso. Nur – konnte Pardal das Fohlen verteidigen?

Ich werde kämpfen, dachte er.

Mit Kämpfen hatte er freilich schlechte Erfahrungen gemacht, weil er immer verlor.

Traurig ging er bei Yasid vorbei und weiter auf die Weide zu den beiden jungen Arabern, die sein Vater so gern kaufen wollte. Und wie immer verstanden ihn die Pferde. Keines tobte fröhlich um ihn herum.
Sie sahen ihn still und sanft an, gerade so, wie sie von ihm angeschaut wurden.

Ziryab, der junge graue Schimmel, den er besonders liebte, blieb neben ihm stehen. Schulter an Schulter blickten sie lange in die Weite und träumten sich in die Ferne …

Boabdil wendete
auf der Hinterhand.

Er flog davon.

Er kam zurück.

Pardal träumte weiter. Er sah die beiden in der Manege tanzen und spielen, lavendelblau, ein wenig unheimlich und geisterhaft schön.

Als er zum Stall zurückkehrte, hatte René schon mit dem Ausmisten begonnen. Pardal holte sich eine Schubkarre, er arbeitete rasch und gründlich, das war er gewöhnt. Dabei wartete er auf Herrn Stellmacher und war sehr erschrocken, als er tatsächlich kam.
Nun muss ich ihn fragen, dachte er. Was wird er sagen? Dass es unmöglich ist, so ein Fohlen am Leben zu lassen, total unmöglich!

Pardal stellte keine Frage. Er zog es vor, seinen Traum noch eine Weile zu behalten. Als er an Sameths Box vorbeiging, blieb er stehen.
«Was soll ich dir wünschen?», flüsterte er der Stute durch die Gitterstäbe zu. «Soll ich – darf ich dir ein solches Fohlen wünschen?»
Sameth schnaubte leise.
Unglücklich bis ins Knochenmark schlich er nach Hause.
So ein Weichei bin ich, dachte er. Kämpfen? Ich werde nicht kämpfen. Ich kann nicht einmal fragen. Ich kann es ja nicht einmal wünschen, nicht einmal das!
In der Reithalle sah er Licht. Probten die Garcías noch ihre Bodennummer? Oder hatte sein Vater Boabdil und Ziryab von der Weide geholt? Er durfte dann immer auf den Pferden sitzen. Das konnte er gut, auch im Galopp. Zügel hatte er noch nie in der Hand gehabt.
Er hoffte auf einen kleinen Trost, auf eine Freude an diesem schrecklichen Abend. Darum ging er in die Reithalle und blieb erstarrt in der Tribünentür stehen.
Sein Vater hatte eine Sensation gefunden. Catalina, Pardals Schwester Catalina Mariposa, die als Schmetterling von Trapez zu Trapez flog, konnte auch dies: Sie stand auf den beiden galoppierenden Pferden mit jedem Fuß auf einem Rücken. Neto dirigierte die Pferde mit seinen Gerten.
«Ja, das wird was!», dröhnte Alfonsos Stimme durch die Halle. «Dafür kaufen wir die Gäule. Ich frag mich nur, wann Catalina das auch noch üben soll. Wir brauchen sie am Trapez. Und dein Sohn schafft das ja wohl nicht.»
Pardal und seine Sensation wurden nicht mehr gebraucht. Er würde weiter den kleinen lächerlichen Leopardensprung machen und dabei

mehr Angst haben als die fliegenden Artisten über ihm alle zusammen. Er ging, bevor ihn jemand bemerkte. Niemand erzählte ihm an diesem Abend von Catalinas zukünftigem Starauftritt, und er gab nicht zu, dass er bereits wusste, wie überflüssig er mal wieder geworden war. Er floh in sein Zimmer und in einen Traum, in dem bläulich schimmernde lichtdurchstrahlte Pferde um ihn tanzten. Niemand außer ihm und den Pferden war in der Manege, sein Vater stand nur am Rande, und er trug kein Leopardenkostüm und hieß nicht mehr Pardal, sondern wieder Manuel …

Manolito, König der blauen Pferde

Er sank in einen
lavendelfarbenen Traum.

Mitten in der Nacht riss ihn sein Handy aus dem Schlaf, nicht weil er den Wecker falsch gestellt hatte, sondern weil er einen Anruf erhielt. Und Pardal, der sonst immer den halben Morgen brauchte, um richtig wach zu werden, wusste sofort: Jetzt!!!
Mit im Dunkeln sicher greifenden Händen zog er sich an, fast vollständig. Ohne zu stolpern sprang er hinüber zum Stall und hörte auf zu rennen, als er ihn erreichte: nicht die Stuten erschrecken, sie schlafen, und erst recht nicht die eine, die nicht schläft …
Der Tierarzt war schon da. Der Tierarzt! Wozu wurde er gebraucht? Um einem Fohlen ins Leben zu helfen? Oder um es in den Tod zu schicken?
Lavendel, mein Fohlen, ich helfe dir!
Pardal war bereit zu kämpfen.
Und er war entschlossen zu wünschen. Mit allen Kräften seiner verzweifelten Sehnsucht wünschte er, dass Sameth in der nächsten halben Stunde ein blaues Hengstfohlen gebären würde.
Herr Stellmacher stand vor der Box und rauchte. Das war noch eine Sensation, eine völlig überflüssige, störende. Er hatte den Mann noch nie mit einer Zigarette gesehen, schon gar nicht im Stall, wo das Rauchen strengstens verboten war. Entsetzt starrte er auf die zu Boden rieselnde Asche. Der Pferdezüchter zuckte zusammen.
«Tschuldigung», murmelte er.
Er bückte sich. Fern von ein paar verstreuten Strohhalmen drückte er die Zigarette auf dem Steinboden aus, zerrieb die Reste, kratzte sie dann wieder vom Boden, sammelte sie mit unruhigen Fingern ein und trug sie zur Mistkarre.
«Bisschen nervös», sagte er zum Tierarzt. «Meine beste Zuchtstute. Ist ein Vermögen wert. Außerdem», er räusperte sich, «… hab ich sie gern.»

«Jetzt komm zur Ruhe», sagte der Tierarzt. «Ist ihr erstes Fohlen, na und? Ich bin sicher, dass es keine Probleme gibt.»
«Darum geht es doch nicht.»
«Ich weiß. Aber der Lavendelfaktor ist äußerst selten.»
«Zwei von zehn», flüsterte Stellmacher, «so selten sind sie bei dem Vater von diesem Fohlen. Und ich habe die Abstammung geprüft. Sameth und er gehen auf denselben Hengst zurück, von dem man nun vermuten muss, dass er das Gen trägt. Wenn es bei Sameth auch nachgewiesen ist, wird sie als Zuchtstute gesperrt.»
Zwischen den beiden Männern stand Pardal. Mit bebendem Herzen und angehaltenem Atem wünschte er der Stute ein blaues Fohlen.
Er trat einen Schritt näher an Stellmacher heran, denn das war der Mensch, der seinen Wunsch verwünschte. Er presste sich an die Gitterstäbe der Abfohlbox, starrte auf die Stute, die sich schon ins Stroh gelegt hatte, und flüsterte: «Lavendel, Lavendel, Sameth bint Siglavy, du sollst ein Lavendel-, du musst ein Lavendel-, Sameth bint Siglavy, du wirst ein Lavendelfohlen haben und es wird ein Hengst …»
Eine harte Hand packte seine Schulter.
«Verhext du meine Stute, Zirkuskind?»
So hatte Stellmacher noch nie mit ihm gesprochen. So hatte er ihn auch noch nie angeredet. Es war nicht nur Wut in seinem Blick, auch Enttäuschung und Trauer. Pardal wand sich in dem festen Griff.
«Ich wünsche Sameth nichts Schlimmes!», rief er leise. «Ich will das Fohlen kaufen, ich meine, wenn es so eins ist. Sie dürfen es nicht töten. Ich habe keine Angst vor ihm. Wenn Sie es gar nicht haben wollen, ziehe ich es mit der Flasche groß. Alfonso wird das erlauben, weil es eine Sensation ist, und ich muss nie wieder ans Trapez.»

Der Griff auf seiner Schulter lockerte sich. Die Hand blieb liegen wie die eines Freundes, und als Stellmacher sie fortnahm, strich er sanft über den Ärmel von Pardals verkehrt herum angezogenem T-Shirt.
«Ich verstehe», flüsterte er und lächelte, aber mit einem sehr ernsten Gesicht. «Es tut mir leid, Pardal, aber nie und in keinem Zirkus wird ein Lavendelpferd auftreten. Es ist nur ein kurzer Gast auf dieser Erde. Es wird geboren und liegt im Stroh, es schimmert bläulich und es ist zu schön für diese Welt. Sein kleines helles Maul macht verzweifelte Saug- und Schluck- und Schmatzbewegungen, aber es kann nicht aufstehen …»
«Ich helfe ihm!», rief Pardal.
«Ja, wir würden ihm helfen. Wir würden es an das Euter seiner Mutter halten und es würde trinken. Ja, Pardal, wenn Sameth nun wirklich ein solches Wesen bekommt, dann lassen wir es trinken. Es soll einmal das Maul voll süßer Milch haben. Sie soll ihm über Lefzen und Nüstern laufen, es soll trinken, eher töten wir es nicht, versprochen, Pardal.»
«Aber …», schrie Pardal.
«Still! Erschreck die Stute nicht. Und wünsch ihr kein Lavendelfohlen. Denn das kann trinken und nicht mehr. Es ist zu fein für diese Welt. Es macht keinen – Mist, verstehst du? Es wird nicht so alt, dass es Milch in Mist verwandelt, es kommt und stirbt unter schrecklichen Krämpfen, wenn wir ihm nicht helfen, darum …»
Pardal verstand: ein Lavendelfohlen ist ein sterbendes Fohlen.
«Die Hufe», sagte der Tierarzt, «ich sehe die Hufe in der Scheide.»
Pardal und Stellmacher hielten den Atem an. Sie hatten denselben Gedanken: Gleich werden wir es wissen. Und sie hatten nun auch denselben Wunsch: Lieber Gott, lass es rot, lass es braun, lass es schwarz sein, nicht blass und blau, nur nicht lavendelblau.

Ein Fohlen kann sich im Mutterleib wie eine Kugel zusammenrollen, und es kann sich dann lang und dünn machen wie ein Aal. Darum haben die meisten Stuten keine Probleme bei der Geburt. Der Tierarzt musste kaum helfen. Sameth presste allein ihr erstes Kind in diese Welt. Für die es zu schön war? Für die es zu fein war? Noch war es eingehüllt in die Eihaut. Die schimmerte feucht in dem sanften Licht. Die Stute stand auf. Die Nabelschnur riss. Pardal erschrak. Das durfte Sameth nicht tun, wenn sie gerade ein Lavendelfohlen geboren hatte. Sie hätte liegen bleiben und es weiter ernähren müssen. Hatte sie durch die Geburt ihr Kind nicht ins Leben, sondern in den Tod gebracht? Sie drehte sich um und fing an, das kleine Wesen zu lecken. Dunkles Fell massierte ihre kräftige Zunge unter der Membran. Aber das war feucht. Würde es heller werden, wenn sie es trocken leckte? Es wurde heller!

Und langsam bekam es einen braun-rötlichen Schimmer.
Eine halbe Stunde später, als das Fohlen neben seiner Mutter stand und trank, wussten sie: es war ein Fuchs. Zwar würde es blasser, bleicher, heller werden, ein Schimmel eben, aber kein Lavendelpferd. Es konnte trinken und verdauen, es würde leben und es würde in seinem Leben sehr viel Mist machen.
«Schlaf jetzt noch ein paar Stunden, Pardal», sagte Stellmacher. «Dann gehst du in die Schule und nach dem Essen kommst du sofort in die Reithalle. Da zeige ich dir deine Sensation, deinen Weg an das Himmelszelt der Zirkuskuppel.»
«Was … was meinen Sie?», fragte Pardal.
«Dass es etwas gibt, das du kannst, eine Zirkusnummer.»
«Sie haben kein Trapez?», zögerte Pardal.
«Trapez? Ah, ich verstehe, du hast ein Problem mit dem Trapez. Nein, so etwas habe ich nicht. Das hast du auch nicht nötig. Du brauchst nur einen Huf. Einen Himmelshuf, na ja, vier, es sollten schon vier sein, auch meine Pferde schaffen es nicht mit nur einem Huf.»
Als Pardal in seinem Bett lag, sah er immer noch das neugeborene Fohlen.
Es *ist* doch zu schön für diese Welt, dachte er. Und es *ist* zu fein für diese Welt. Aber es lebt! Also hat sich diese Welt verändert. Sie ist nicht so schrecklich wie gestern Abend, das kann nicht sein.
Einschlafen konnte er nicht. Er lag still und ruhig in seinem Bett und schlief erst in der Schule ein. Danach schlang er das Mittagessen hinunter, sagte niemandem etwas von dem Treffen mit Stellmacher und rannte zur Reithalle.
Ja, Herr Stellmacher brachte ihm ein Pferd.

Es war Yasid und er trug
ein leichtes Halfter.

«Ich habe ihn nicht gesattelt», sagte der Pferdezüchter, «ich glaube, du kommst besser ohne zurecht.»

«Ich soll reiten?»

«Du bist ein Reiter, Pardal, ich weiß es.»

«Das sagt Pa auch, aber Alfonso findet, Reiten ist keine Zirkusnummer.»

«Da irrt er sich. Und vor allem hat er nicht bemerkt, was sich in der Szene entwickelt. Es entstehen Veranstaltungen, die sind wie Zirkus – nur mit Pferden. Pferdeshow. Da wirst du gebraucht, Pardal. Komm, ich helf dir hinauf.»

Zirkus nur mit Pferden? Ohne Trapez?

«Ich habe noch nie Zügel in der Hand gehabt», sagte Pardal.

«Darum habe ich Yasid auch kein Gebiss gegeben. Mit dem Halfter kannst du ihm nicht wehtun.»

Und mit einem leichten Schwung warf er Pardal auf Yasids Himmelshufe.

«Leichter Schenkeldruck», sagte Stellmacher. «Und du denkst an Yasid, wie du ihn auf der Koppel gesehen hast. Er bewegt sich manchmal ganz von selbst wie ein gut gerittenes Pferd. Du musst nur an die richtigen Bilder denken. Du weißt, welche ich meine?»

Pardal nickte.

Und er dachte an die richtigen Bilder.

«Ja», rief Stellmacher, «das ist es! Nun lass ihn vorwärts gehen!» Pardal ritt in eine Welt, die gut genug war für Sameths Fohlen. Sein Pferd war weiß, das Halfter war braun. Das war genug. Er brauchte kein Blau.

Mähnen-Verschwendung

Christina trug als Einzige der acht Mädchen keine Mütze. Das war nicht ungewöhnlich, auch nicht bei dieser Kälte. Sie trug eben Haare, dichte Haare, kastanienbraun mit rötlichem Schimmer. In weichen Locken fielen sie um ihr Gesicht. Das glühte im Frost.

Aber Christina trug auch als Einzige keine Handschuhe. Ihre selbst gestrickten Fäustlinge baumelten an Bändern, die aus ihrer Jacke ragten. Sie waren da angebunden wie bei kleinen Kindern, die dauernd ihre Handschuhe verlieren. Christina hasste die ‹Babybänder›, aber ihre Mutter bestand darauf. Schließlich konnte Christina sich nicht bücken, wenn ihr ein Handschuh auf den Boden fiel, und ihn wieder aufheben. Nun hatte sie die Fäustlinge ausgezogen. Ihre Hände waren heiß wie ihre Stirn. Sie war zwölf Jahre alt und sie sollte ein eigenes Pony bekommen. Eines von denen.

«Seht ihr sie schon?», fragte sie.

Laura stampfte mit den Füßen und schlug die Hände um den Körper. «Nein», sagte sie.

Sie standen am Weidezaun des Rappenhofs. Es war Februar. Zwar lag kein Schnee, aber seit gestern war der Boden wieder hart gefroren, und Isa hatte beschlossen, die Ponys auf die Weide zu lassen. Die Mädchen schauten auf die Stelle, wo der mit Elektrobändern eingezäunte Weg eine scharfe Kurve machte. Da tobten die Ponys immer am wildesten. Und dann brauchte Christina nicht mehr zu fragen, ob man sie schon sehen konnte. Sie hörte das Donnern der 136 Islandpferdehufe! Mit beiden Händen stützte sie sich auf die Armlehnen und hob ihren Körper so hoch wie möglich. Sie wollte die Pferde sehen! Sie wollte sich eins aussuchen. Jetzt! Sie streckte einen Arm aus.

«Laura, hilf mir», bat sie.

Laura fasste ihre Hand, Christina erhob sich aus dem Rollstuhl, sie legte einen Arm um Lauras Schulter – und da kamen sie:

«Svipur», flüsterte Christina, «den will ich haben! Svipur aus der Viererbande.»

Oder Gima!

Ja, Gima, die Dreckscheck. Wo hat sie sich wieder gewälzt!?!?!
Ja, Gima!

Oder Glíri! Meine und seine Haare fliegen um die Wette! Oder sie würde Hnokki nehmen oder Alsvidur.

Die waren eigentlich
gute Freunde …

… aber sie mussten
immer ein wenig
raufen.

Da waren sie vorbei.
Die Augen der Mädchen folgten dem davonfließenden Mähnenmeer.
Solange sie noch einen Schweif sehen konnten, blickten sie den Ponys nach.
Christinas Arm fiel von Lauras Schulter.
Einen von denen kriege ich, dachte sie. Ich will einen von den ganz Wilden!
So einen richtigen Isländer. «Von der Insel aus Feuer und Wasser», sagt Sven immer …

Laura trat einen Schritt vor, als ob sie die Ponys von da noch sehen könnte. Dabei vergaß sie, dass sie Christina stützen musste.
«Ich liebe es, wenn Isa sie im Winter rauslässt», seufzte sie. «Darum mag ich den Winter. Nur darum.»
Einen Feuer-Isi, dachte Christina. Sein Vater soll ein Vulkan sein und seine Mutter ein Geysir. Oder umgekehrt. Das ist egal.
Und dabei vergaß sie, dass Laura sie hätte halten müssen.
«Christina», flüsterte Carolin, «warum fällst du nicht um?»
Christina grinste. Sie griff wieder nach Lauras Arm. Mit dieser winzigen Hilfe machte sie einen Schritt auf ihren Rollstuhl zu und setzte sich. Ja, sie konnte ein paar Augenblicke stehen. Und einige Schritte laufen konnte sie auch. Es wurde besser, seit sie jeden Tag reiten durfte. Zwar würde sie nie wieder richtig gehen können, das stand fest. Aber weil ihre eigenen Beine nicht mehr viel wert waren, bekam sie ja jetzt vier neue. Und weil ihre eigenen Füße die langsamsten und lahmsten waren, musste sie das Pony mit den flinksten Hufen haben!
«Das war's für heute», sagte Laura.
Sie fasste die Griffe von Christinas Rollstuhl, zog ihn rückwärts, bis sie auf dem Weg waren, und da wurde ihre Hilfe nicht mehr gebraucht. Christinas kräftige Arme packten die Schwungräder. Sie sauste den Weg entlang bis zum Putzplatz. Lahme Füße hatte sie, ja, aber rasende Räder, die auf dem Pflaster Schleifen fuhren und Pirouetten drehten.
Ein Islandpferd! Ein eigenes Islandpferd!
Das Ganze hatten sich Isa und Sven ausgedacht. Die beiden Besitzer und Reitlehrer des Rappenhofs hatten zusammengezählt, was Christinas Reitstunden und die Krankengymnastik im Monat kosteten.

Das meiste davon zahlte die Krankenkasse. Christinas Eltern konnten nicht viel beitragen, besonders seit ihr Vater arbeitslos war. Und für fast dasselbe Geld, hatten Isa und Sven der Kasse vorgerechnet, könnte Christina ein eigenes Pony haben.
Sven stand am Paddock-Tor. Er legte einen Hammer beiseite, öffnete das Tor und schloss es wieder. Das machte er mehrmals. Dabei schimpfte er: «Viererbande! Diese Vandalengang! Ich bin sicher, es waren die!»
«Was ist passiert?», fragte Laura.
Isa kam durch das Tor und versuchte selber, es zu schließen.
«Sie spielen doch nur», sagte sie sanft wie – fast – immer, «sie sind jung und wollen toben.»
«Sie haben das Tor angerempelt», erklärte Sven, «es hat sich verzogen. Jetzt hört mal alle gut zu. Bis ich das gerichtet habe, müsst ihr höllisch aufpassen. Wir sind daran gewöhnt, dass wir dem Tor nur einen Schubs geben müssen. Dann schließt es ganz und der Riegel fällt runter. Das klappt jetzt nicht. ‹Doppelklack› heißt euer Stichwort. Kapiert? Am PC Doppelklick, am Paddock Doppelklack. Klack 1 bedeutet: Die Stange ist an die Verriegelung geschlagen. Klack 2: Der Riegel ist runtergefallen. Ohne Doppelklack geht keiner in den Paddock und keiner raus. Kapiert?»
Die Mädchen nickten. Nur Christina fuhr kleine Kreise mit ihrem Rollstuhl.
«Svipur oder Gima oder Glíri …», sang sie leise vor sich hin.
«Ist ganz wichtig», stimmte Isa zu. «Doppelklack! Sonst sieht das Tor nur so aus, als ob es zu ist. Es muss nur einer dagegenstoßen und ab geht die ganze Herde auf den Highway to Heaven.»
Zur Hauptstraße war es nicht weit.

«Bis auf die von euch, die das Tor nicht korrekt geschlossen hat», fügte Sven hinzu. «Die schick ich auf den Highway to Hell, egal wer es ist!»
Und wieder nickten die Mädchen.
Christina bremste, wendete, griff in die Schwungräder und schüttelte den Kopf, dass ihre Haare flogen.
«Gima?», fragte sie. «Kann ich Gima haben?»
Isa starrte sie an.
«Was willst du?»
«Mein Pony? Kann ich Gima haben? Oder Svipur?»
«Bist du wahnsinnig? Du kannst weder Gima noch Svipur reiten. Du kriegst Svala oder Bjalla. Ich dachte, das wär klar!»
«Die sind meine Reitschulpferde», maulte Christina. «Ich darf doch jetzt mein eigenes Pony haben.»
«Ja. Svala oder Bjalla.»
Christina verzog den Mund und ließ gleichzeitig eine Strähne rotbrauner Locken über ihr Gesicht fallen. Das sah sehr hübsch aus. Sie wusste es. Mit dieser Bewegung hatte sie in den letzten Jahren fast alles erreicht.
«Ich will die Lahmärschis nicht», knurrte sie. «Das sind doch Anfängerpferde. Ich bin kein Anfänger mehr. Und ich werde immer besser. Hast du selber gesagt.»
Damit brach sie durch die Grenze von Isas Sanftmut.
«Bjalla und Svala sind keine Lahmärschis!!!!», brüllte sie auf Christinas Rollstuhl hinunter. «Sie sind einfach nur zuverlässig. Und ich habe beide für dich so zugeritten, dass du sie nur mit Gerte und ohne Schenkel reiten kannst. Egal wie gut du bist, du wirst niemals mit Schenkelhilfen reiten. Nie! Gima oder Svipur! Willst du noch einen Unfall?»

Christina sackte in ihrem Rollstuhl zusammen. Sie hatte sich noch nie mit Isa gestritten. Isa war für sie viel mehr als ihre Reitlehrerin. Sie war ihre große Schwester, ihre beste Freundin, Isa war die Retterin ihrer Lebensfreude. Denn Isa hatte vor drei Jahren gesagt: «Ja! Wenn die Ärzte meinen, das Kind kann reiten, dann bringe ich es ihm bei.»
Fünfzehn Reitschulen hatten Christina da bereits abgelehnt. Ohne Isa wäre der Rollstuhl ihre einzige Möglichkeit geblieben, sich zu bewegen.
«Ich würde nie wieder unglücklich sein, wenn ich Svala bekommen könnte», murmelte Carolin. «Mein ganzes Leben lang würde ich nie wieder unglücklich sein …»
«Und ich, wenn ich Bjalla haben könnte», sagte Laura.
Christina zuckte zusammen. Laura war ihre allerbeste Freundin, noch besser als Isa, weil sie auch zwölf war. Laura konnte ziemlich gut reiten und war schon oft mit Gima im Gelände gewesen. Sollte die wirklich zufrieden sein mit dieser Bjalla?
Ja, Bjalla war hübsch und lieb. Was noch?
Und Svala? Sie hieß mit vollem Namen Svartasvala – schwarze Schwalbe. Carolin murmelte manchmal diesen Namen einen ganzen Ausritt lang vor sich hin: Svartasvala, Svartasvala, Svartasvala … Und der Name war nicht einmal das Schönste an diesem Stütchen. Das waren die Augen.
«Du hast Svala doch immer so gern geritten», lenkte Isa ein. «Und sie mag dich. Sie ist das einzige Pony, das du allein führen kannst. Und wenn du sie rufst, kommt sie aus der hintersten Ecke.»
Das stimmte, aber dadurch wurde Svala nicht wilder.
Da sagte Isa etwas Entsetzliches.

«Bist du sicher, Christina, dass du Pferde liebst?»
Diese Worte drückten Christina noch tiefer in ihren Rollstuhl hinein. Es wurde ihr so eng darin, dass sie explodieren musste.
«Ich liebe Pferde!», schrie sie. «Ich habe auch Svala und Bjalla gern. Tschuldigung wegen Lahmärschis. Sie sind tolle Ponys. Aber noch viel lieber habe ich solche wie Gima oder Glíri oder Svipur, weil die ein bisschen wilder sind. Mit denen kann man durch den Wald knattern. Ich will, dass meine und ihre Haare zusammen fliegen! Die passen viel besser ...»
«Ich verstehe!», fuhr Isa sie an. «Du willst sie benutzen! Damit du eine Riesenschau machen kannst mit ihrer Pferdemähne und deiner Mädchenmähne. Ist ja toll! Und Svala und Bjalla, meinst du wohl, sind für dich so was wie Mähnenverschwendung, meinst du das?»
Oh, es tat weh! Hatte Christina nicht schon genügend Schmerzen gehabt? Schmerzen in den Beinen. Schmerzen im Rücken. Und nun dieser entsetzliche Schmerz in der Brust. ‹Mähnenverschwendung› – meinte sie das? Ja, ein wenig meinte sie das. Und dieser Gedanke tat noch mehr weh. Verstand sie denn keiner? Hatten sich alle gegen sie verschworen? Hilfe kam, von wo sie es nicht erwartet hätte.
«Wir müssen Christina verstehen», sagte Sven. «Sie ist eine wilde Hummel. Und sie liebt wilde Hummeln wie Gima und Glíri. Wenn du nicht so ein Draufgänger wärst, Christina, dann wärst du vor fünf Jahren nicht mit dem Rad den Berg runtergebrettert. Und was hast du daraus gelernt? Nichts. Wie solltest du auch. Der Sturz hat deine Beine und deinen Rücken kaputt gemacht. Aber du hast noch das gleiche wilde Herz. Eins wie Svipur oder Gima. Darum ist der Unfall passiert. Wir müssen jetzt dafür sorgen, dass nicht noch einer passiert. Du bekommst Svala oder Bjalla. Ein anderes Pony verkaufen wir dir nicht. Basta!»

Und damit war das erledigt. Für Sven. Für Isa. Für Laura. Für Carolin. Aber nicht für Christinas wildes Herz.

Am nächsten Tag brachte ihr Vater sie zum Pferdehof. Sie kamen früher als gewöhnlich. Er hatte ein Vorstellungsgespräch. Das war eine kleine Chance, wieder eine Arbeit zu bekommen, er wollte unbedingt pünktlich sein. Als er den Rollstuhl auf den Putzplatz schob, war noch niemand da.

«Ich kann nicht warten», sagte er und stellte den Putzkasten ab.

«Musst du auch nicht», meinte Christina, «Isa wird in ein paar Minuten hier sein.»

«Aber es ist kalt.»

«Ich friere nicht», versicherte Christina. «Ich fahre ein paar Loopings, das macht warm.»

«Pass auf, dass du nicht umkippst. Hast du dein Handy?»

«Ja!» Seufzend zog Christina das Handy aus der Seitentasche des Rollstuhls, ließ den Vater einen Blick darauf werfen und es wieder in die Tasche gleiten. Er zögerte noch immer, schaute sich um, trat an das Paddock-Tor: Niemand zu sehen. Nur Islandpferde.

«Welche ist Bjalla?», fragte er.

«Da hinten die», Christina zeigte zur Stallkoppel, «die sich da gerade im Dreck wälzt.»

«Ah, ja. Und wo ist Svala?»

«Die Schwarze da. Zwischen dem Fuchs und der ganz Hellen. Das sind die Braven. Isa nennt sie die vier Säulen der Reitschule. Bjalla gehört auch dazu.»

«Hoffentlich bricht die Reitschule nicht zusammen, wenn du nun eine der Säulen bekommst. Ich muss jetzt wirklich gehen. Zieh deine Handschuhe an!»

Wieder seufzend zog Christina den linken Handschuh weit an seinem Bändel aus dem Ärmel.
«Tschüss», sagte sie, «ich bin nicht lange allein.»
Und als ihr Vater gegangen war, ließ sie den Handschuh hängen. Ihr war nicht kalt. Sie hatte einen Plan.
Ich hole einen von den Frechen aus dem Paddock, hatte sie sich vorgenommen. Ich binde ihn an, und bis Isa kommt, habe ich ihn geputzt. Dann glaubt sie mir, dass ich nicht nur mit Svala und Bjalla fertig werde.
An der Putzwand hing ein Halfter. Christina hängte es über den rechten Griff ihres Rollstuhls. Um die Verriegelung zu öffnen, musste sie dicht an das Paddock-Tor fahren und sich halb auf die Füße stellen. Es war schwierig, weil das Tor klemmte, aber sie schaffte es und blockierte mit dem Rollstuhl nun den offenen Ausgang. Keines der Ponys, auch nicht das Frechste, würde so grob sein und sie einfach umrennen. Aber wenn sie nun in den Paddock fahren würde, müsste sie das Tor loslassen. Es hing etwas schief. Sie spürte es an dem leichten Druck, den es auf ihre Hand ausübte. Sobald sie es freigab, würde es sich ganz öffnen. Sie würde es dann nicht mehr schließen können.
Und da kam die Viererbande!
Christina saß in der Falle. Wenn sie den Ausgang nur einen Spalt freigab, würde sich eine dieser neugierigen Nasen hindurchquetschen. Musste sie nun hierbleiben? Das Tor mit der rechten Hand halten? Sich von vier weichen Schnobernasen das Gesicht durchkitzeln lassen, bis sie lachen musste? Noch konnte sie grinsen, während Svipur mit seinen Zähnen das Schwungrad ihres Rollstuhls fasste. Dabei war ihr klar, dass ihre Lage überhaupt nicht komisch war. Hatte sie eine Chance, die vier abenteuerhungrigen Ponyjungs zu vertreiben?

Es gibt immer eine Lösung.

Sie hatte noch die linke Hand frei, und aus diesem Ärmel hing der Handschuh. Endlich war das lästige, von Mama selbst gestrickte Ding mal zu etwas nütze.

«Ab mit euch!», rief sie. «Verzieht euch! Ab!»

Und sie wirbelte den roten Handschuh um dunkle Pferdenasen.

«Mach sie nicht kopfscheu», würde Isa sagen. Aber Isa war nicht da, und dies war ein Notfall.

Der Handschuh patschte auf Svipurs Maul. Doch der reagierte überhaupt nicht kopfscheu. Er versuchte, den Handschuh mit den Zähnen zu schnappen. Der rote Fäustling traf Ohren und Nüstern.

Schnaubend wendete die Viererbande und mit Svipur mitten im Mähnenmeer trabten sie in den Paddock.

Christina atmete auf. Allerdings – so wie die Ponys davonliefen, sahen sie nicht aus, als hätte sie die Bande nun nachhaltig vertrieben. Die würden zurückkommen. Und noch ein paar mehr mitbringen. So viel war klar. Christina hatte auch nichts dagegen, nur musste sie irgendwie das Tor vorher schließen.

Es gibt immer eine Lösung!

Das war schon lange das Motto ihres Lebens geworden. Sie musste ja dauernd andere Lösungen finden als Mädchen mit gesunden Beinen.

Sie nahm das Halfter vom rechten Griff des Rollstuhls, legte den Führstrick über eine Stange des Tores, befestigte ihn mit einem Anbindeknoten und konnte nun in den Paddock fahren. Mit dem Strick zog sie das Tor zu. Klack – es war zu. Sie löste das Halfter vom Führstrick. Der würde ihr nun natürlich fehlen. Aber wie die Erfahrung ihres Lebens gerade mal wieder gezeigt hatte, gab es immer eine Lösung.

Zunächst einmal fuhr sie durch den Paddock und beklebte die Räder des Rollstuhls mit Resten von Heu und Pferdemist.
Wo war Svipur? Oder Gima? Oder Glíri? Nein, Svipur! Das war eigentlich schon entschieden. Den wollte sie haben. Isa sollte die vier Säulen ihres Reitunterrichts behalten. Von der Viererbande konnte sie für die Anfänger keinen gebrauchen.

Auf der Koppel spielten die Jungpferde.

Loki und Flugi würden ihr auch gefallen.
Aber sie konnte nicht warten, bis sie zugeritten waren.

Die Viererbande tobte mit anderen Ponys über die Hauskoppel.
Das war doch Svipur, Handschuhfänger Svipur!
«Svipur», rief sie.
Im Augenwinkel sah sie, dass Svala den Kopf hob.
Musste sie von nun an immer Svala reiten, nur weil sie das einzige Pony war, das sie aus dem Paddock holen konnte?
Musste sie nicht! Svipur kam! Er bremste vor ihrem Rollstuhl.
Allerdings interessierte er sich nicht für sie. Er schnappte nach dem Handschuh. Christina zog ihn weg. Sie hielt ihm das Halfter hin.
Würde er freiwillig die Nase hineinstecken?
Das tat er nicht. Aber sie konnte seine Mähne greifen und sich daran hochziehen.

Svipur war neugierig. Die Sitzfläche von Christinas Rollstuhl konnte er sonst kaum erreichen. Also untersuchte er nun dieses seltsame Ding. Christina schob sich an seinem Hals weiter. Mit einer Hand in seine Mähne greifend, hielt sie mit der anderen das Halfter über den Rollstuhl, und schon hatte sie Svipurs Nase eingefangen. Sie zog das Halfter hoch, verwurschtelte es in den dicken schwarzen Schopfhaaren, konnte es mühsam über ein Ohr streifen, brachte aber den Genickriemen nicht über das zweite. Svipur schüttelte unwillig den Kopf. Das eingeklemmte Ohr war ihm sehr unangenehm und übermäßig interessant fand er den Rollstuhl nicht. Er ging. Christina, an seinen Hals gelehnt, musste mitgehen.
«Hohhhh», sagte sie, «langsam, Svipur», und sie dachte: Jetzt bitte nicht rennen, jetzt bitte nicht wild sein … «Steh! Halt! Ich will dir das Halfter ja …»
Aber Svipur ging weiter, bis zu seinen Freunden, da blieb er stehen. Bevor Christina seinen Kopf wieder erreichte, passierte etwas in ihrem Kopf. Da machte es: Klack!
Sven!, fiel ihr ein. Was hat er gestern gesagt? Sie hatte ja kaum zugehört. ‹Doppelklack› hatte er gesagt. Und – Klack! machte es wieder, aber leider nur in ihrem Kopf und nicht am Paddock-Tor.
Es ist offen! Sie wusste es. Es hat nur einmal Klack gemacht. Der Riegel ist nicht runtergefallen! Wenn nur eines der Ponys dagegen stößt, geht es auf. Und ab über die Wiese und die Landstraße saust die ganze Herde auf den Highway to Heaven.
Da würden sie sich die Beine brechen, in Autos rennen, schreckliche Unfälle verursachen … Christina sah blutende Ponys und verletzte Menschen, so viele Mädchen, die nun ihr Leben lang gelähmt sein würden. Und sie selber fühlte sich am Genick gepackt und in die andere Richtung geschickt, höllenabwärts auf den Highway to Hell!

Sie musste zu ihrem Rollstuhl und zum Tor. Sie griff in das offene Halfter, das dem armen Svipur immer noch ein Ohr zerdrückte.
«Komm, Svipur», sagte sie und versuchte ihn zu bewegen, zu ihrem Rollstuhl zu gehen. Doch dazu hatte Svipur überhaupt keine Lust. Er schüttelte ihre Hand ab und lief seinem Freund nach. Christina hing an ihm und wurde in die falsche Richtung gezogen.
Glíri hatte den Führstrick an Paddock-Tor entdeckt. Er nahm ihn ins Maul und zog daran.
Fester!, dachte Christina. Glíri! Zieh! Bitte, Glíri, fester!
Aber der Fuchs hatte wohl inzwischen gemerkt, dass dies nichts als ein gewöhnlicher Führstrick war. Langweilig! Er ließ ihn liegen.
Wie komme ich dahin?, dachte Christina.
Sollte sie versuchen zu laufen? Ein paar Meter konnte sie gehen. Aber nicht bis zu ihrem Rollstuhl! Sie würde stürzen. In Dreck und Pferdemist würde sie am Boden liegen. Da könnte sie dann weiter robben. Aber sie konnte ohne Hilfe nicht in ihren Rollstuhl kriechen.
Und die Bremsen waren nicht angezogen!
Gima entdeckte ein neues Spiel: Diesen komischen Gegenstand konnte man schubsen! Sofort hatte sie ein paar Mitspieler bei der ersten Vereinsmeisterschaft im Pferderollstuhlschieben.
Wenn sie ihn umkippen, ist es aus, dachte Christina. Und wenn Svipur dahin rennt, auch.
Merkwürdigerweise blieb Svipur stehen. Spürte er ihre Hilflosigkeit? Er gehorchte ihr nicht, aber er verließ sie auch nicht.
Sie drückte die Stirn in seine lehmverklebte Mähne. Dreck und Tränen verschmierten ihr Gesicht. Ja, Tränen. Und Christina weinte nur, wenn sie völlig – völlig – verzweifelt war.

Da kamen die Jungpferde von der Koppel!
Sie jagten sich und tobten im Paddock weiter. Genau vor dem Tor!

Christina hielt den Atem an. Sie musste Isa anrufen! Aber dazu hätte sie Gima die Telefonnummer diktieren müssen, denn die hatte ihre Nase in der Rollstuhltasche und konnte als Einzige hier das Handy erreichen.

Gibt es wirklich immer eine Lösung? Durchaus! Aber manchmal kann man etwas nicht alleine lösen. Man braucht eine Hilfe.
«Svala!», rief Christina.

Die schwarze Stute hatte sie gehört.
«Svala, komm!»
Und Svala kam.

Als Christina die Hände von Svipurs Mähne nahm und sie stattdessen auf Svalas Hals legte, hatte sie das Gefühl, sie sei nach Hause gekommen. Svala führen – das hatte sie ja geübt. Zwar trug die Stute kein Halfter, aber sie musste ihren Kopf nur in die Richtung schieben, in die sie gehen wollte, und Svala führte sie zu der Wand aus Pferdekruppen, hinter der sie ihren Rollstuhl vermutete.
Svala war kein ranghohes Pferd. Normalerweise wichen ihr die anderen nicht aus. Aber von diesem seltsamen, so eng miteinander verbundenen Mischwesen aus Mensch und Pferd schien die Rollstuhl-Rugby-Mannschaft tief beeindruckt zu sein. Die beiden hatten keinen Führstrick zwischen sich. Die verständigten sich nicht über die gewöhnliche Leitung von Mensch zu Pferd. Sie verständigten sich offenbar überhaupt nicht. Sie hatten sich verstanden. Schwarze, rote und gefleckte Ponyhintern traten beiseite. Der Weg war frei, und der Rollstuhl stand noch auf seinen Rädern. Christina streckte eine Hand nach der Armlehne aus. Bevor sie Svala losließ, berührte sie mit den Lippen das winterpelzige Ponyohr und flüsterte: «Danke!»
Dann ließ sie sich in den Rollstuhl gleiten, schoss auf das Tor zu, griff im Vorüberfahren nach dem Führstrick dicht an der Stange und hörte das erlösende Klack!
Sie hielt, wischte sich Dreck und Tränen aus dem Gesicht und wendete. Schüchtern wie selten, fast nie, schaute sie zu Svala hinüber. Sie hatte ihr viel mehr ins Ohr zu flüstern als einfach nur: Danke! Langsam ließ

sie sich auf die Stute zurollen, bis sie dicht voreinander standen, große Nase an kleine Nase, so blieben sie und atmeten sich an.
Das war der Augenblick, in dem Christina begriff, was für ein Pferd diese Stute war.
Wenn Pferde sich kennenlernen, blasen sie sich gegenseitig den Atem in die Nüstern. Dann wissen sie, ob sie sich riechen können. Svala kannte Christina schon lange. Im Gegensatz zu allen anderen begegnete ihr dieses Mädchen immer sitzend. So war es viel leichter, sich anzuhauchen. Doch Christina nahm Svalas Atem erst jetzt wahr. Können Menschen das denn auch? Am Atem des anderen merken, ob er ein Freund fürs Leben ist? Gewiss können sie das nicht immer. Aber in ganz besonderen Situationen schaffen Menschen das manchmal auch. Christina und Svala wurden – nein, nicht Blutsbrüder. Die Unterarme anritzen und das Blut mit dem des anderen mischen? Nicht einmal Christinas wildes Herz konnte sich dafür begeistern.
In der kalten Februarluft mischten sich die weißen Atemwölkchen von Svala und Christina: sie waren Atemschwestern fürs Leben.
So standen und saßen sie noch, als Isa einige Minuten später kam und verblüfft am Stalleingang stehen blieb. Sie schaute auf eine für die Ewigkeit geschlossene Freundschaft und auf einen am Paddock-Tor angebundenen Führstrick ohne Halfter. Christina sah ihr entgegen. An ihrem tiefen Glück nagte nun wieder ein schmerzend mieses Gefühl.
«Bitte, Isa», sagte sie, «kannst du Svipur das Halfter abnehmen?»
Aber Svipur trug das Halfter gar nicht mehr. Er hatte es abgeschüttelt oder verloren, oder einer seiner Freunde hatte es ihm vom Kopf gezogen. Wie auch immer – jetzt hatte Glíri es im Maul. Er raste über die Koppel und die Viererbande jagte hinter ihm her.

EYES AND EARS

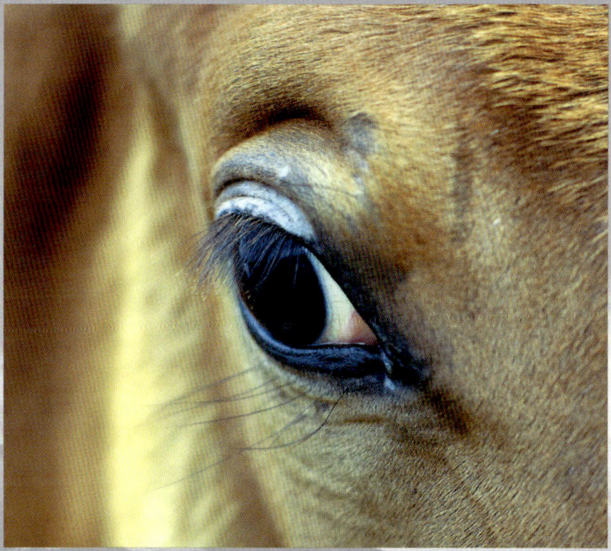

Wie kommt das Foto dazwischen?, dachte David erschrocken.

Er versuchte, das Bild aus dem Stapel zu ziehen, doch da hatte Jana es schon erwischt und natürlich sagte sie: «Oh, ist das süß!»

David warf ein anderes Foto darüber, aber Jana schob es beiseite.

«Das ist bestimmt ein Stütchen, oder?», fragte sie.

Sie schaute auf das zarte braune Pferdekind mit der weißen gepünktelten Kruppe. Sie schien nicht zu bemerken, dass Davids Antwort zwar nicht gerade einsilbig, doch auch nicht mehr als dreisilbig war.

«Hengstfohlen.»

«Ach, komisch. Ich hätt' geschworen, das ist ein Mädchen. Er ist dann viel jünger als die anderen Fohlen?»
«Ein Monat», war Davids knappe Erwiderung.
«Ja, er ist so viel kleiner und dünner. Ich kenne ihn auch nicht.»

Sie beugte sich vor und schaute das Muster auf der Kruppe des Fohlens genauer an.

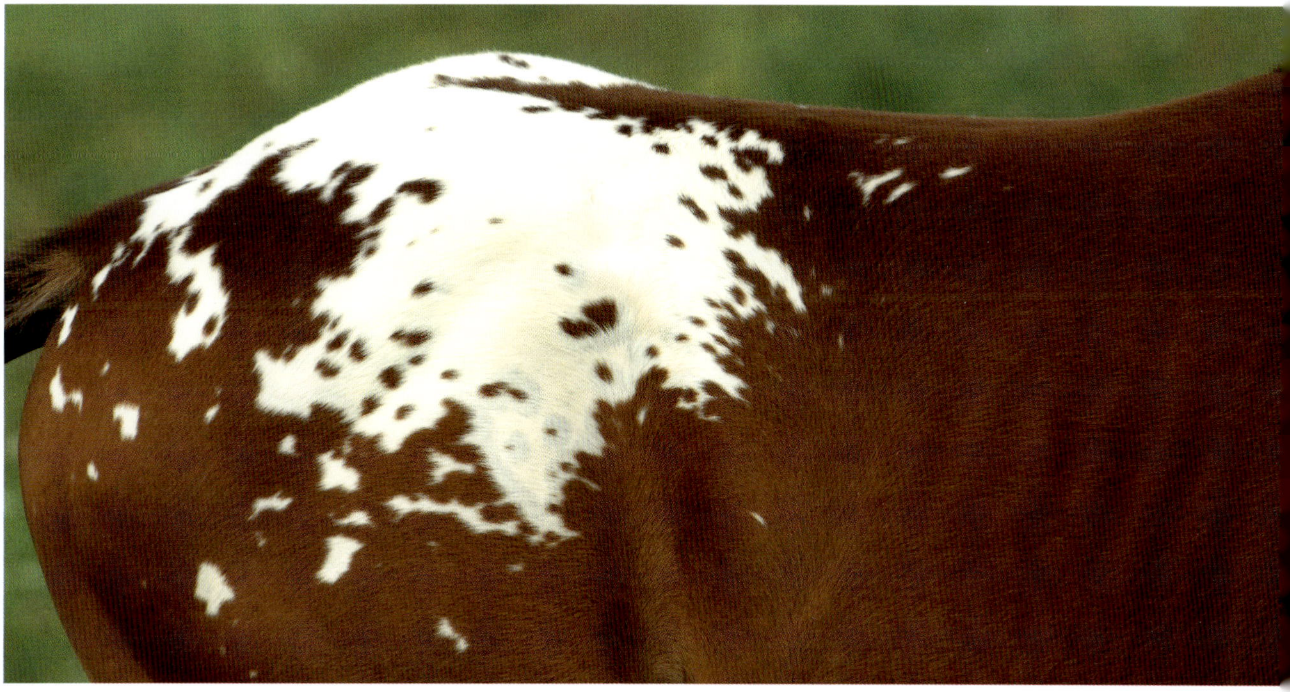

«Nein, den hab ich noch nicht gesehen. Den habt ihr nicht mitgebracht. Ist er in Amerika geblieben?»
«Ja – der – ist in Amerika geblieben.»
Davids Stimme klang heiser, und endlich hatte Jana etwas gemerkt.
«Was hast du? Ist was mit dem Fohlen?»
David nahm das Foto und sah es selber an, nur kurz, dann legte er es weg. Er dachte nicht gern an den Sommer, in dem er dieses Fohlen fotografiert hatte. Er hatte zu spät gemerkt, was geschehen war. Er hatte das Fohlen ja kaum angeschaut.

Und sein eigenes prachtvolles Fohlen?
Wenn er ehrlich war, musste er sich eingestehen, dass er sich auch für seine kleine Stute nicht interessiert hatte.
«Was ist?», fragte Jana. «Los! Erzähl!»
Er schüttelte den Kopf so abweisend, dass sie nicht weiter drängte. Unmöglich! Das würde er ihr nicht erzählen! Jetzt, zwei Jahre später, war es für ihn selber unfassbar, wie bescheuert sich ein fünfzehnjähriger Junge verhalten konnte, nur weil er das erste Mal so richtig verliebt war. Er war jetzt hier in Deutschland, mit seinen Eltern, seinem Bruder und den meisten ihrer Pferde. Und hier war Jana. Es war nun das zweite Mal, dass er verliebt war, und alles war anders als damals:

Anfang Juni war es gewesen, Frühsommer in Wyoming, da war er aufgebrochen mit seinem Multi-Dreier-Pack: drei Stuten, drei Fohlen, drei Wallache, drei Handys. Eins hatte er in der Jacke, eins in der Satteltasche, das dritte hatte er versteckt. Es war neu. Nur eine Nummer war gespeichert und anstelle eines Namens stand in der Liste bloß ‹L›.

Weder seine Eltern noch sein jüngerer Bruder wussten, wer L war. Wusste er es selber? Noch nicht. Er war gerade dabei, das zu entdecken. Bisher hatte er nicht viel mehr erkannt als: L war eines von jenen Wesen, die man für ganz normale Mitglieder der menschlichen Gesellschaft hielt, die aber durch ein paar Besonderheiten herausragten: Sie trugen die Haare länger als der andere Teil der Menschheit. Natürlich nicht alle so lang wie L! Sie liefen auf kleineren Füßen. Natürlich nicht alle so fliegend leicht wie L! Sie ergriffen die Dinge mit kleineren Händen. Natürlich fassten damit nicht alle genau in Davids Herz. Das tat nur L. Manchmal hatte er das Gefühl, dass sein armes hilfloses Herz zwischen Lilians Fingern zerquetscht wurde, und im selben Augenblick spürte er: Nein! Sie hob es nur sacht aus seiner Brust, aus dem Käfig der Rippen, sie hielt es in Sonne und Wind, sodass es frei war, sich ausdehnen konnte, es wurde größer und größer – Himmel! – es würde platzen! David musste weg von der Ranch seiner Eltern. Und darum wollte er den Auftrag ‹ein Monat Einsamkeit› übernehmen.
Denn von Lilian erzählte er niemandem. Er hatte sie kurz vor den Sommerferien in seiner Internatsschule kennengelernt, und noch konnte er an einer Hand abzählen, wie oft sie sich geküsst hatten. Für ihn war das die Gesamtsumme an Küssen. Für Lilian? Darüber wollte er nicht nachdenken.
Seine Denkfähigkeit war ohnehin ziemlich eingeschränkt. Sein Hör- und Sehvermögen auch. Vor ein paar Tagen war er mit einem Stiefel und einem Hausschuh aufs Pferd gestiegen und hatte lange gebraucht, bis er seinen Bruder Dennis lachen hörte. Er hatte Lady Landscapes Sattel auf seinen Zippo gelegt und die Jährlinge auf die falsche Weide gelassen. Er musste weg!

«Bist du wirklich sicher, dass du das schaffst?», zweifelte sein Vater. «Du kommst mir in letzter Zeit reichlich schusselig vor und du bist da oben ganz allein.»

«Schule war Stress», entgegnete David. «Da oben kann ich relaxen und dann bin ich okay.»

Kurz danach war er in dem großen Pferdetransporter mit seinem Vater möglichst dicht an den Silver Creek Mountain herangefahren. Das letzte Stück zur Hochlandweide hatten sie Packpferde geführt, Vorräte für einen Monat gelagert, Hütte, Stall und Weidezäune kontrolliert. David konnte mit den Pferden aufbrechen.

Es war ein guter Tagesritt bis zur Hochlandweide. Einen der Wallache – Zippo, seinen Quarterhorse-Fuchs – ritt er, die beiden anderen trugen sein Gepäck.

Die Stuten liefen frei, sie folgten der Gruppe, und die Fohlen liefen ihren Müttern nach.

Den Weg kannte er. Oft genug hatte er einen der Rancharbeiter dorthin begleitet und war ein paar Tage in der Hütte geblieben. Letztes Jahr hatte er zum ersten Mal allein zurückreiten dürfen. Er fühlte sich wohl in diesem Land. Tagsüber griffen keine Wölfe an, auch der Puma jagte erst in der Dämmerung, Bären waren zu langsam, um auch nur eines seiner drei mal drei Pferde einzuholen, das Gewehr hing an seinem Sattel. Die Packpferde trugen auch seine Schulbücher, denn er würde einen großen Teil der Sommerferien in der Wildnis verbringen, allein, das war ihm recht. Wen wollte er um sich haben? Lilian wohnte jenseits des Silver Creek, er ritt auf sie zu, er ritt ins Netz der Masten, die seinem neuen Handy einen Sinn geben würden, denn von der Ranch aus hatte er sie nur schlecht erreichen können.
So gelangte er ohne Zwischenfälle auf die Hochlandweide, und bevor er dort die Pferde versorgte, bevor er seine Eltern anrief, weihte er das neue Handy ein. Er war ein wenig enttäuscht, dass der Empfang wieder ziemlich schlecht war, aber morgen würde er auf den Berg steigen, da musste es besser sein. Aus dem jetzt blechern zersplitterten Mobilfunkton saugte sein gieriges Ohr alle Anklänge an Lilians echte Stimme. Was er sich so zusammenlauschte, reichte für den Abend.
Er brachte die Stuten und Fohlen in den Laufstall, die Wallache in ihre Boxen, gab ihnen Futter und Wasser und meldete sich bei seinen Eltern. Wie er ihnen versprochen hatte, lagerte er dann die beiden Handys: eines kam in die oberste Schublade der Kommode. Das andere sollte er in seiner Tasche immer bei sich tragen. Beide waren abgestellt. Es gab keinen Strom – fließend Wasser, ja, das brachte ihm der Gebirgsbach hinter der Hütte, aber keinen Strom. Er konnte die Handys nicht wieder aufladen. Die Batterien mussten einen Monat für die von den

Eltern geforderten abendlichen Anrufe reichen und für einen Notruf, falls ihm oder einem der Pferde etwas zustieß.
David schlief gut in der Nacht, denn er träumte von Lilian, und er begann den nächsten Tag mit seiner für die nächsten zwei Monate täglichen Morgengymnastik: Sobald die Sonne aufgegangen war, ritt er den gesamten Weidezaun ab und prüfte ihn auf Schadstellen. Erst danach ließ er die neun Pferde hinaus und wartete auf das zehnte.
Vor dem frühen Nachmittag konnte es nicht kommen. Eine gute Gelegenheit, bergauf zu steigen, ein Handy in der Tasche – abgestellt –, eines in der Hand – angestellt. Er starrte immer wieder auf dessen Monitor wie auf einen Kompass, der ihm den richtigen Weg weisen sollte und der ihn auch schließlich ans Ziel führte: voller Empfang.
Was sprachen die beiden um die mit ‹ähhhs› und ‹hms› gefüllten Pausen herum? Nicht viel mehr als ‹Wow, der Empfang ist perfekt!›, und Lilian war so vernünftig, einen täglichen Telefontermin auszumachen.
«*Das* Handy kannst du ja auch nicht immer angestellt lassen», meinte sie, «sonst können wir uns in einer Woche nur noch Brieftauben schicken. Sind bei deinen vielen Viechern auch Brieftauben?»
David musste das einsehen, obwohl er diese Leitung sehr widerwillig unterbrach. Er stieg den Berg hinunter, machte die Ställe sauber und wartete auf Mr. O'Neill.
Der Schafzüchter war ein Nachbar. Sein Land begann gleich hinter der Hochlandweide und sein Wohnhaus war in einem Fünf-Stunden-Ritt durch Wildnis und Weideland zu erreichen. Er hielt nur wenige Pferde, aber er hatte einen hervorragenden Hengst.
Gegen drei Uhr kam der Rancher mit einem Reitpferd und dem Appaloosahengst …

Day of a Daydream.

David war begeistert. Er verstand die Entscheidung seiner Eltern, ihre drei Appaloosastuten in diesem Jahr von diesem Hengst decken zu lassen.
«Wir rufen ihn Day Day», sagte Mr. O'Neill.
«Und?», fragte David. «Kommt er, wenn ihr ihn ruft?»

«Ja, er kommt immer,
wenn ich ihn rufe.»

«Er ist sehr gut erzogen», erzählte der Schafzüchter. «Du wirst keine Probleme mit ihm haben. Er ist auch völlig zuverlässig im Umgang mit Wallachen. Aber er hat eine Schwäche: meine Stute Queen, seine Freundin, seine Geliebte. Die beiden kennen sich schon lange, nicht gerade eine Kindergartenliebe, aber eine Schulzeitliebe für die Ewigkeit. So was gibt es bei Pferden.»
David war der letzte Mensch auf dieser Erde, der das bezweifelt hätte.
«Ja, so was gibt es», nickte er wissend und dachte: Bei Menschen auch.
«Hör mir jetzt gut zu, David», sagte Mr. O'Neill. «Solange auch nur eine von deinen Stuten rossig ist, kannst du ihn auf der Weide laufen lassen. Wenn sie aber alle tragend sind, musst du ihn in den Paddock sperren. Er springt sonst über den Weidezaun und rennt zurück zu seiner Queen. Wäre nicht das erste Mal. Ruf mich an, wenn die Stuten ihn abschlagen, ich hole ihn dann.»
Mr. O'Neill blieb über Nacht, denn er konnte seine Ranch bei Tageslicht nicht mehr erreichen. So hatte er Zeit, Davids Stuten kennenzulernen.

«Das ist Shoshoni mit Eyes and Ears.»

«Ah, den Namen hat ihm deine Mutter gegeben. Seh ich das richtig?», fragte Mr. O'Neill.
«Nicht ganz. Als er geboren wurde, sagte Dad:
‹Oh, he's but eyes and ears.› Dabei blieb es dann. Er ist etwas jünger als die Stutfohlen, darum kleiner, aber er holt auf.»

«Da hinten sind Honey und Woniya. Die Kleine ist leider einfach nur braun, aber ein Superfohlen.»

«Und das da», meinte Mr. O'Neill, «muss das Fohlen sein, zu dem deine Mom gesagt hat …

… ‹das seelenvolle Kind›.»

Darauf ging David nicht ein. Diese Bezeichnung seiner Mutter war ihm etwas peinlich, denn dies war sein Fohlen und er wollte natürlich ein wildes Indianerpferd und kein ‹seelenvolles Kind›.
«Sie heißt Sitopanaki», erklärte er.
«Geniales Fohlen!», sagte O'Neill. «Was bedeutet Sito… wie war das?»
«Sitopanaki. Ein Mädchenname bei den Schwarzfußindianern. Das heißt:

… deren Füße singen, wenn sie geht …»

«Treffer!», stimmte der Schafzüchter zu. «Volltreffer!»

Als Mr. O'Neill am nächsten Morgen davonritt, blieb David endgültig für Wochen allein zurück, allein mit zehn Pferden und einem Handy, nur einem, die beiden anderen zählten nicht, sie waren bloß die Verbindung zu den Eltern. Seine Tage waren aufgeteilt in die Stunden vor zehn vor vier und die Zeit nach vier. Dazwischen lagen jene 600 Sekunden, von denen jede einzelne ein ‹lebenslänglich› war. Da füllten David und Lilian die Mobilfunkwellen mit atemlosem Schweigen, mit Räuspern, Hüsteln, Kichern. Von beiden Seiten kam jedes Mal: «Bist du noch da?» Und von einer Seite – Davids – ein leises «Ich dich auch …» Doch das war keine Erwiderung auf etwas, das Lilian gesagt hatte, es war die Antwort auf eine Pause, in der David hörte, was er den ganzen Tag zu hören glaubte, nicht nur diese zehn Minuten.

In der übrigen Zeit erledigte er seine Arbeit ebenso gewissenhaft wie gedankenlos, das heißt, er dachte dabei viel, seine Gedanken kreisten um den einen Buchstaben, der in seinem Hirn so schreibgeschützt gespeichert war wie auf seinem Handy, nur an die Pferde dachte er dabei nicht.

Er sah von ihnen immerhin so viel, dass er zuverlässig wusste, ob die drei Stuten Day Day genügend beschäftigten. Das taten sie. Nach ein paar Tagen waren sie alle rossig. Day Day interessierte sich nicht für die Weidezäune und den Weg zu seiner Schulzeitliebe Queen, was David ihm ziemlich übel nahm.

Unbeachtet blieben seine Schulbücher. Um seine Schwächen in Französisch aufzuarbeiten, hätte er seine Gedanken ganz anders sortieren müssen. Einmal nahm er das Französisch-Buch mit auf den Berg, wo er täglich schon ab drei Uhr saß und darauf wartete, dass die Ziffern seiner Armbanduhr auf 15.50 sprangen.

Das Buch schlug er gar nicht auf. Er saß auf einem Stein und ließ die Beine über einem tiefen schmalen Felsspalt baumeln, ein nicht ganz ungefährlicher Platz, aber der Weg hierher war zu steil für die Pferde. Nicht einmal die beiden neugierigen Stutfohlen …

Woniya und Sitopanaki versuchten ihm zu folgen.

Er schaute nach Westen. Da in der Ferne musste die kleine Stadt liegen, wo Lilian wohnte und wo sie nun genauso ungeduldig wie er auf eine Uhr starrte. Wie jedes Mal, wenn die Ziffern auf 15.50 sprangen, bekam er einen kleinen Schreck. Er machte eine unkontrollierte Bewegung und stieß das Buch in den Spalt, kümmerte sich aber nicht darum, der Verlust war nicht schmerzhaft, und er stellte das Handy an. Noch immer zeigte sich die Batterie als voll aufgeladen. David versuchte, Lilian zu überreden herzukommen: einen Wanderritt machen mit Freundinnen und sich dann absetzen … Doch Lilian wollte nicht. Ja, sie hatte ein Pferd, aber so lange war sie noch nie im Sattel gesessen. David sah ein, dass er ihr so etwas nicht zumuten konnte. Als er hinter Lilians Stimme die Kirchturmglocken vier schlagen hörte, sagte er sein «Ich dich auch …» und drückte auf die rote Taste. Er stieg den Berg hinab. Das Französisch-Buch vergaß er. Man konnte ohnehin nicht in den Spalt klettern.

Er sah Sitopanaki mit ihrer Mutter über die Weide laufen. Die Kleine musste wirklich eine besonders innige Beziehung zu ihrer Mutter haben, denn die beiden schafften es, Körper an Körper geschmiegt zu galoppieren.

Das können Menschen nicht, dachte David.

Aber Menschen können sich an den Händen halten. Da Lilians Hände für ihn im Augenblick nicht erreichbar waren, nahm er das Handy und lief mit ausgebreiteten Armen über die Sommerwiese.

Am nächsten Tag kurz vor vier versagte sein Handy. Die Batterie war leer, obwohl die Anzeige immer noch auf voll stand. Dieses Billig-Gerät! Ein besseres hatte er sich nicht leisten können. Seine Familie steckte alles Geld in die Pferde und verdiente dabei gerade so viel, dass es für die Pferde reichte. In seiner Wut hätte er das Handy am liebsten in den Spalt zu dem Französisch-Buch geworfen. Aber er tat es nicht. Er würde es in die Sonne legen, vielleicht erholte sich die Batterie. Außerdem – eine Katastrophe war das nicht, er hatte ja noch ein aufgeladenes Handy in der Tasche. Damit rief er Lilian sofort wieder an, erreichte aber nur noch die Mailbox, sagte sein «Ich dich auch …» und verbrachte den Tag wie alle anderen.

Er beobachtete Libellen, diese zarten, schillernden, flirrenden Wesen über dem Teich, die er nun ‹Liliabellen› nannte. Er saß im Gras und berührte mit den Fingerspitzen die wundervolle hellrosa Blume, die er entdeckt hatte, eine botanische Sensation, noch nie hatte er eine solche Blume gesehen. Wenn er die Blätter zwischen den Fingern zerrieb, dufteten sie wie Rosen. Er nannte sie Lilian Rose. Sie vermehrte sich mit rasender Geschwindigkeit. Plötzlich wuchs sie überall, er war umgeben von Lilian Roses. Einzigartig blieb ein ebenso unbekannter bunter singender Vogel, dem er den Namen Lilian Bird gab. Und wenn er nicht gewusst hätte, was die wissenschaftlich korrekte Bezeichnung für die große heiße goldene Kugel am Himmel war, so hätte er die Sonne auch noch Lilian genannt. Die Sterne hießen ohnehin schon alle so, er war im Sternzeichen der Lilian geboren, er wollte im Sternzeichen der Lilian leben und er würde dort auch sterben.

In diesen Tagen, zur Zeit des zweiten Handys, hatte er jene Fotos gemacht, von denen eines zwei Jahre später in Janas Hände fiel, aber wirklich angeschaut hatte er die Bilder nicht. Das war in diesem Augenblick noch nicht schlimm, denn noch unterschied sich Eyes and Ears von seinen Schwestern nur dadurch, dass er jünger war. David sah anderes. Während er über die Wiese ging, achtete er mehr auf die kleinen rosa Blumen, Lilian Roses, sie zogen ihn an und er wich ihnen aus, denn er wollte sie ja nicht platt treten. Das braune Hengstfohlen mit der weißen Kruppe beachtete er gar nicht. Sah er wenigstens sein eigenes Fohlen?

Sitopanaki, deren Füße singen, wenn sie geht …

Kaum. Er lief über die Weide und sah, was seine Kamera nicht abbilden konnte: Lilian, deren Füße singen, wenn sie geht … Hatte sie nicht gestern etwas von Ballett erzählt? Natürlich war sie eine Tänzerin! Davids Füße machten kleine alberne Hüpfer, missglückte Tanzschritte, über die er lachen musste, und er war froh, dass außer ihm niemand hier war, der darüber lachte, Dennis zum Beispiel.

Nur die Pferde schauten ihm zu, aber die lachten nicht, sie wunderten sich höchstens.

Obwohl es ein strahlender Sommer war, erholte sich die Batterie von Davids Billig-Handy nicht. Vielleicht war die Sonne einfach nicht heiß genug. Er legte sich selber vor seiner Hütte mitten in ihr gleißendes Licht und spürte keine Hitze. Zwar verbrannte seine Haut, aber das konnte auch von innen kommen, denn nichts übertraf die Feuerhöchsttemperatur in seiner Brust. Er sollte das Handy in die Brusttasche seines karierten Cowboyhemdes stecken, um es wieder aufzuladen.

An einem Abend erwischte er seinen Bruder bei dem täglichen Anruf zu Hause. Weil er nicht wusste, was er mit ihm reden sollte, erzählte er ihm von seiner botanischen Entdeckung und beschrieb ihm die rosa Blume, aber verschwieg natürlich, wie er sie genannt hatte. Dennis, der junge Wissenschaftler, wollte sofort loslegen und ihm einen Vortrag über Gebirgsblumen halten, da nahm ihm seine Mutter das Telefon aus der Hand und David konnte Bericht erstatten.

«Alles okay», meldete er.

«Vergiss nicht, den Hengst rechtzeitig in den Paddock zu sperren, wenn er alle Stuten gedeckt hat», ermahnte ihn seine Mutter. «Sonst rennt er fünf Stunden durch die Wildnis zu den O'Neills.»

David versprach alles, nur keine Unmöglichkeiten, zum Beispiel nicht, dass er französische Vokabeln lernen oder irgendetwas zwischen 15.50 und 16.00 Uhr erledigen würde.

Dann kam jener entsetzliche Tag, an dem er Lilian nicht erreichte. Ihr Handy war abgestellt. Auch als die Kirchturmuhr längst vier geschlagen hatte, was er diesmal nicht hören konnte, saß er noch lange auf seinem Stein über dem Spalt mit dem Französisch-Buch und rief immer wieder an.

«Ruf mich zurück!», bat er fünfmal die Mailbox und diktierte zur

Sicherheit noch einmal die Nummer von diesem Handy 2. Was war geschehen? War sie krank? Unfall? Er zwang sich am Abend, die Pferde durchzuzählen, um sicher zu sein, dass er alle im Stall hatte und keines dem Puma überließ. Er zog mit seinem Bettzeug auf den Boden im Gebälk der Hütte, weil da der Empfang etwas besser war, und natürlich stellte er das Handy nicht ab. Er schlief erst gegen Morgen ein und wurde bald von dem ersehnten Klingelton geweckt, doch es war nur seine Mutter. Er hatte am Abend vergessen, zu Hause anzurufen. David reagierte in seiner quälenden Enttäuschung ziemlich gereizt: Er sei doch kein Baby mehr, er werde sich, wenn nötig, melden, er sei das leid und er werde jetzt nur noch alle drei Tage anrufen …

Wie lange hält die Batterie durch?, dachte er. Und ich kann es jetzt nicht abstellen, kann ich nicht!

Seine Mutter war mit dieser Regelung überhaupt nicht einverstanden, aber er blieb stur.

«Wenn ich dann am dritten Abend nichts von dir höre», sagte seine Mutter, «pack ich mir am nächsten Morgen ein Pferd in den Transporter, fahre zum Silver Creek und reite zu dir rauf!»

Es blieb offen, ob das ein Versprechen oder eine Drohung war.

«Wieso hast du überhaupt das Handy angestellt?»

«Vergessen», sagte David, «ich wollte anrufen und bin eingeschlafen. Tschuldigung. Also alle drei Tage, okay?»

Er ließ das Handy angestellt, den ganzen Tag und den folgenden. Er wartete auf Lilians Anruf, aber das nächste Gespräch, das er damit führte, war wieder mit seiner Mutter – drei Tage hatte er Lilian nicht erreicht.

Sie ist tot, dachte er, stolperte über die Wiese und zuckte entsetzt zusammen, als er merkte, dass er auf rosa Blumen trat. Immerhin nahm er wahr, dass die Stuten anfingen, den Hengst abzuweisen, und er sperrte Day Day in den Paddock.

Noch zögerte er, Mr. O'Neill anzurufen. Ein paar Tage wollte er das Verhalten der Pferde beobachten.

Zum gewohnten Termin, genau 15.50, als die Batterieanzeige von Handy 2 schon fast auf Null stand, hörte er Lilians Stimme wieder, die klang weder krank noch tot.

«Ich hab dir doch gesagt, dass ich auf eine Ballett-Tour gehe. Wir hatten ein paar Vorstellungen. Natürlich wollte ich das Handy mitnehmen. Ich hab's vergessen. Was meinst du, was man da alles einpacken muss? Dazu braucht man ein bisschen mehr als einen nach Pferd stinkenden Sattel. Ich konnte dich auch nicht anrufen. Weil doch die Nummer auf dem Handy gespeichert war ...»

Sie hatte es ihm gesagt? Hatte er ihr nicht zugehört? Er hatte nur ihrer Stimme, nicht ihren Worten gelauscht. Er hatte nur auf jene drei Worte gewartet, er hatte darauf gelauert, dass sie ihm einen Grund geben würde zu erwidern: «Ich dich auch ...» Das hatte sie nicht getan und sie tat es auch jetzt nicht, er sagte es trotzdem. Und das war das Letzte, was Lilian von diesem Handy hörte. Danach war Funkstille, Batterie leer, und David hatte nur noch eins.

Das brauchte er, um am Abend mit seinen Eltern zu reden und zu melden: Alles okay, ja, er achte auf den Hengst, übermorgen werde er wohl Mr. O'Neill anrufen, damit er Day Day abhole, nein, er selber wolle nicht nach Hause, er fühle sich nicht einsam, er könne gern bleiben, bis die Hochlandwiese abgeweidet sei.

«Wirklich keine Zwischenfälle?», wollte seine Mutter wissen.

Doch, gab David zu, sein Französisch-Buch sei ihm in einen Felsspalt gefallen, und seine Mutter lachte.
«Du hast ihm einen Tritt gegeben», vermutete sie.
Am nächsten Morgen stand er also da mit Handy 3. Was sollte er tun? Er hatte die Anweisung, es in der Hütte zu lassen, damit er es nicht verlieren konnte. Ebenso energisch hatten seine Eltern ihm eingeprägt, dass er auf allen seinen Ritten und bei allen seinen Arbeiten ein funktionierendes Handy in der Tasche haben müsse. Er nahm es mit. Immer wieder fühlte er danach in seiner gut verschließbaren Jackentasche, als er ein paar Gatter schloss. Diesen Tag sollten die Stuten auf der gut überschaubaren Hausweide bleiben, damit er Day Day beobachten konnte.
Um zehn vor vier saß er auf seinem Stein und tippte Lilians Nummer in Handy 3. Sie meldete sich nicht. Schon wieder Ballett-Tour? Oder was hatte er jetzt überhört? Hin- und hergerissen verbrachte David verzweifelte 600 Sekunden auf seinem besten Mobilfunkplatz. Mal beschloss er, das Handy abzustellen, weil er dieses nun wirklich schonen musste. Dann hielt er es nicht mehr aus und gab mit hastigen Fingern den PIN-Code ein. Dabei wusste er natürlich genau, dass dieses Ein-Aus-Ein die Batterie am meisten belastete. Er ließ es an und wurde gegen vier Uhr für diese Entscheidung belohnt: Lilian rief an. Aber sie kam nicht vom Ballett, hatte auch sonst nichts, leichthin sagte sie: «Ach, ich hab's vergessen.»
David murmelte ein fassungsloses: «Ach so ...», da riss ihn ein anderer, der sich ebenso nach seiner Schulzeitliebe sehnte, aus seiner Enttäuschung.

Mit geblähten Nüstern stand Day Day am Zaun.
David sprang auf. Das Handy rutschte mit Lilians Stimme «He, Davie, hörst du mir überhaupt …» aus seinen Fingern und folgte dem Französisch-Buch. Er sah es über den Felsen gleiten. Es fiel nicht ganz hinunter, blieb zwischen Steinpflanzen mit winzigen gelben Blüten, die Dennis bestimmt benennen konnte, hängen, das Display leuchtete hinauf wie ein schadenfroher Blick, erreichen konnte er es nicht und er musste jetzt den Hengst einsperren. Er sprang den Berg hinunter und griff irgendein Halfter am Tor. Day Day war wirklich ein bestens erzogenes Pferd. Er ließ sich das Halfter über die Ohren streifen, obwohl es ihm zu klein war, und folgte David in den Paddock.
Mr. O'Neill anrufen? Womit? In zweieinhalb Tagen die Eltern anrufen? Womit? Jetzt, sofort, wieder Lilian anrufen? Wozu? Sprach sie noch mit dem kleinen, im Steinkraut verfangenen Gerät, dem sein Ohr fehlte? Hatte sie aufgelegt und litt sie so entsetzlich wie er? Er ging wieder hinauf. Er legte sich auf den Bauch und versuchte, mit einer Hand weit in den Spalt zu greifen. Natürlich konnte er das Handy nicht erreichen, aber er hatte das Gefühl, dass er die Hand nach ihr ausstreckte. Konnte man wirklich nicht hinunterklettern? Die Wurzeln der Krüppelkiefer mussten doch helfen. Es war nicht so tief bis zum Boden. Einen Sturz würde er überleben. Aber er wäre hilflos da unten, mit oder ohne Handy. Da hatte er keinen Empfang. Vielleicht der Notruf? Aber wenn er stürzte und das Handy blieb da oben hängen? Dann würde er, vielleicht mit gebrochenen Füßen, da liegen bleiben. Bis seine Mutter kam, konnte niemand seine Schreie hören. Er hätte kein Essen, kein Wasser, er hätte nichts – nur die Möglichkeit, französische Vokabeln zu lernen. Ob die Krüppelkiefer ein Seil hielt? Er blieb auf dem Bauch liegen und

lauschte auf den Klingelton, denn der war nun das einzige Zeichen, das er von Lilian erhalten konnte. Aber der Felsspalt blieb stumm. Er setzte sich, blickte über die gut überschaubare Hausweide und merkte endlich, dass sich die Stuten und Fohlen in zwei Gruppen teilten.

Die beiden Stutfohlen spielten.

Sie tobten im vorderen Teil der Weide, nah der Hütte, um ihre grasenden Mütter herum. Das Hengstfohlen spielte nicht mit. Eyes and Ears stand bei seiner Mutter und schaute den anderen Pferdekindern zu.

Wie waren die Stuten und Fohlen heute über die Weide galoppiert? Sitopanaki und Woniya mit ihren Müttern voraus –

Shoshoni war mit ihrem kleinen Sohn zurückgeblieben.

Langsam stieg David den Berg hinunter. Er hatte Angst vor dem, was er nun herausfinden würde. Aus dem Spalt hörte er den Klingelton des Handys. Er sprang ein paar Meter zurück, doch er kam zu spät. Jetzt ist Lilians Stimme auf der Mailbox, dachte er.

Aber er musste zu den Pferden. Die beiden Stütchen hatten sich ausgetobt.
Sitopanaki lief zu ihrer Mutter und trank.
Wann, dachte David, wann habe ich Eyes and Ears zum letzten Mal trinken sehen?
Der Kleine sah aus, als wolle er in seinen Namen hineinwachsen – nein! – im Gegenteil: Er schrumpfte in seinen Namen hinein. Er sah aus wie – wie - vertrocknet, nur Augen und Ohren waren groß wie bei seiner Geburt. Er stand auf zitternden Beinen, Hals und Kopf weit vorgestreckt, als ob die riesigen Augen und Ohren zu einem anderen Wesen gehörten, das ihm davonlief, mit dem sein Körper nicht mitkam.
David näherte sich langsam. Grüner Speichel tropfte aus Eyes and Ears' kleinem Mäulchen. Shoshony stellte ihre Hinterbeine an seinen Kopf. Ihr ganzer Körper drückte aus: Trink, mein kleiner Sohn, trink! Eyes and Ears schnappte nach den Zitzen. Er versuchte zu saugen. Milch lief ihm aus den Lefzen. Er gab es auf und die Milch lief aus seiner Nase. Über seinen langen Hals zuckten harte Wellen. Er hustete.
Ich muss anrufen, dachte David, ich muss sofort telefonieren.
Und es war nicht Lilian, die er erreichen wollte.
Er rannte zum Haus, griff sich die beiden Handys, umschloss sie mit seinen heißen Händen und dachte: Wärme, so viel Wärme, Hitze, Wärme ist doch Energie. Das müssen diese bekloppten Batterien jetzt begreifen. Einen Anruf müssen sie noch schaffen, meinetwegen beide zusammen nur einen, fünf Worte jedes, ja?, das packt ihr doch! Nein? Drei, drei Worte jedes, bitte. Drei Silben, okay?
Auf dem einen würde er sagen: «Kommt – Tier – arzt!»
Und auf dem anderen: «Schlund – ver – stopf …»

Drei Silben, bitte! Den Rest können sie sich denken.
Es ging gar nichts. Nicht einmal der Notruf.
David lief zurück zu dem Fohlen. Es stand noch genauso da. Die beiden Stütchen tobten schon wieder. Sitopanaki kam. Machte die kleine Schwester einen Krankenbesuch beim Bruder? Sie holte ihn ab. Er versuchte zu folgen.
Aber er blieb ein großäugiger Zuschauer ihres Spiels.
Klar denken, befahl sich David. Jetzt nicht die Nerven verlieren. Er braucht Hilfe. Ich muss was tun. Was?
Er hatte verstanden, was geschehen war. Eyes and Ears hatte eine Schlundverstopfung. Wahrscheinlich hatte er versucht, die großen Pferde nachzuahmen und Gras zu fressen. Dabei war ein schlecht zerkauter Graspfropf in seiner langen Speiseröhre stecken geblieben. Pferde können nicht erbrechen. Die Ringmuskeln um ihre Speiseröhre sind so gebaut, dass sie die Nahrung immer nur in eine Richtung treiben.
«Ich hab schon Pferde kotzen sehen», sagt man in Deutschland, der Heimat von Davids Mutter, wenn man etwas völlig Unmögliches beschreiben will.
Pferde mit Schlundverstopfung husten so heftig , dass es doch schon welchen gelungen ist, etwas auszuspucken. Aber darauf durfte David nicht hoffen. Meist halfen sich die Pferde damit nicht. Im Gegenteil. Es war möglich, dass sie ausgehustete Partikel einatmeten. Dann bestand die Gefahr einer Lungenentzündung. Eyes and Ears brauchte einen Tierarzt, der mit einer schmerzstillenden Spritze die verkrampften Muskeln beruhigte und dann einen dünnen Schlauch in die Speiseröhre führte und den Graspfropf vorsichtig in den Magen schob.

Und er brauchte diesen Tierarzt sofort. David konnte nicht warten, bis in drei Tagen seine Mutter kam, weil er nicht mehr anrief. Und sie würde ja auch allein kommen.
Mit hängenden Schultern stand er mitten auf der Weide. Was konnte er tun? Nach Hause reiten? Es war fast fünf, bei Licht würde er kaum die halbe Strecke schaffen. Zu den O'Neills reiten! Da würde er so gerade noch vor der Dunkelheit ankommen. Doch er kannte den Weg nicht. Day Day kennt den Weg!, fiel ihm ein. Ich reite den Hengst und lasse ihm die Zügel und er läuft zu seiner Queen.
Aber sein eigenes Reitpferd Zippo hatte einen viel schmaleren Rücken. Auf keinen Fall würde Zippos Sattel dem Hengst passen und er wusste nicht, wie heftig Day Day auf einen schlecht sitzenden, schmerzenden Sattel reagieren würde.
Kann ich ihn ohne Sattel reiten?, überlegte er. Ich kenne ihn zu wenig. Er wird kaum zu halten sein. Und wenn ich runterfliege, wird er nicht stehen bleiben. Außerdem – ich kann die Pferde nicht über Nacht draußen lassen. Jetzt schon in den Stall sperren? Und erst morgen Mittag komme ich zurück und lasse sie wieder raus?
Er hatte kein Heu, nicht einmal Stroh hier oben im Bergland. Auf dem Stallboden war nur Erde. Die Wassereimer reichten gerade für eine Nacht. Dann mussten die Pferde hinaus, ins Gras, an den Bach. Er konnte sie nicht so lange einsperren und allein zurücklassen.
Es gab nur eine einzige Möglichkeit, Hilfe zu holen. Aber – durfte er ein weiteres Pferd in Gefahr bringen? Und eines, das seiner Familie nicht gehörte? Er durfte vor allem eines nicht: zögern!
David rannte in die Hütte und schrieb einen Brief an Mr. O'Neill:

Sie haben gesagt, dass Day Day zuverlässig nach Hause läuft, und es ist ja noch hell. Ich habe kein Handy und ein Fohlen braucht Hilfe. Bitte rufen Sie meine Eltern …

Leserlich schreiben!, befahl er sich.
Er brachte den Brief einigermaßen ordentlich zu Ende, packte ihn in Plastikfolie, knipste mit der Lochzange Löcher hinein und zog Bänder durch.
«Stillhalten, Day Day», bat er, als er dem unruhig schnaubenden Hengst den Notruf in die Mähne flocht. «Ich kann das nicht so gut.»
Er hatte noch nie einem Pferd Zöpfe geflochten und wie an ein Leben in einer anderen Welt erinnerte er sich daran, dass es westlich von hier lange seidige Haare gab, die seine Hände berührt hatten, und dabei hatten seine Finger genauso gezittert. Dann öffnete er das Tor des Paddocks.

Lauf, Day Day, lauf!

David musste nun warten. Warten ist quälend, wenn man nichts tun kann. Wie konnte er dem Hengstfohlen helfen? Wie viel Flüssigkeit hatte der Kleine heute bekommen? Fohlen, die nicht trinken können, trocknen sehr schnell aus. Fieber messen! Er holte das Thermometer. Eyes and Ears sah ihn mit seinen großen Augen an. Er wehrte sich nicht, als David ihm das Thermometer in den After schob. 38,7 war die Temperatur, für ein Fohlen normal. David durfte ein wenig aufatmen, eine schlimme Entzündung hatte der Kleine also noch nicht. Er versuchte auch noch einmal zu trinken. Seine Mutter zuckte mit den Hinterbeinen und schlug mit dem Schweif. Offenbar tat ihr das pralle Euter weh. Sollte David versuchen, die Stute zu melken? Das hatte er nicht gelernt. Mit angehaltenem Atem beobachtete er das Fohlen und er glaubte zu erkennen, dass Eyes and Ears ein wenig schluckte. Seine Speiseröhre schien nicht vollständig verstopft zu sein. Unter Zucken und Schmerzen erkämpfte er sich etwas Milch für seinen kleinen Fohlenbauch.
Wir kriegen ihn durch, dachte David.

Lauf, Day Day, lauf!

Er beschloss, die Stute nicht zu melken. Eyes and Ears sollte es leicht haben, die Milch musste ihm entgegenspritzen, denn kräftig saugen konnte er nicht. Er schwankte auf seinen langen Beinen. Das Trinken hatte ihn angestrengt.

Ich könnte seinen Hals massieren, fiel David ein.

Einmal im Jahr nahm er an einem Kurs «Erste Hilfe für Pferde» teil. Darum wusste er, bei Schlundverstopfung kann Hals massieren helfen, immer von oben nach unten, hatte er gelernt, die Ringmuskeln unterstützen, den Pfropf weiterzubefördern. Bloß nicht nach oben! Wenn sich Teile lösten und das Pferd sie in die Lunge atmete, stand es schlecht. Aber das Fohlen wand sich aus seinen Händen, als David den Hals massieren wollte.

Er hat Schmerzen, dachte er. Ich muss ihm ein Schmerzmittel geben, aber das müsste er schlucken.

Spritzen hatte er nicht gelernt. Während er dem leidenden Pferdekind zuschaute, hatte er selber einen Kloß im Hals.

Lauf, Day Day, lauf!

David holte sein Lasso. Wie ein Cowboy damit umgehen konnte er nicht. Er war ja eigentlich kein Cowboy, eher ein Horseboy. Außer einem Pfosten auf der Ranch hatte er mit dem Lasso noch nichts eingefangen. Er wollte es jetzt auch nur als Halteseil am Felsspalt gebrauchen, vielleicht konnte er das Handy doch erreichen und sofort seine Eltern anrufen.
Und hören, was Lilian auf die Mailbox gesprochen hat, dachte er.
Der Gedanke an Lilian machte den Kloß in seinem Hals nicht kleiner.
Wie sollte er seinen Eltern erklären, was er mit dem anderen Handy gemacht hatte? Von dem dritten wussten sie ja nichts.
Auch mit einem Seil an der Krüppelkiefer traute David sich nicht, in den Spalt zu klettern, nicht allein. Wenn ihm jemand eine Hand reichen könnte, dass er wieder herauskam, würde er es wagen. Aber damit einer herkam, um ihm zu helfen, brauchte er das Handy. Teufelskreis.

Lauf, Day Day, lauf!

Shoshoni kam und bot dem Sohn ihre Milch an. Doch Eyes and Ears' Nüstern sanken tiefer in das Gras. Weil ihm der Kopf zu schwer war? Oder weil ihm das Trinken zu anstrengend und schmerzhaft war?

Wollte er es mit Fressen versuchen?

Nicht, Eyes, nicht!

Eyes and Ears suchte Schutz bei seiner Mutter. Es sah aus, als wollte er sich ganz in ihr verstecken.

Lauf, Day Day, lauf!

Wo mochte der Hengst jetzt sein? David kannte das Gelände kaum. Mr. O'Neill hatte von einem Fünf-Stunden-Ritt gesprochen. Ohne Reiter und angezogen von seiner Queen würde Day Day viel schneller sein und sicher vor der Dämmerung ankommen. Man würde ihn auch sofort bemerken, denn selbst wenn Queen den Tag auf der Koppel verbrachte, würde man sie über Nacht in den Stall holen oder wenigstens in eine Koppel am Haus.
Am Abend holte David die Pferde wie immer in den Stall. Er versuchte, sein schlechtes Gewissen damit zu betäuben, dass er endlich das Buch für den Englischunterricht lesen wollte. Aber er brauchte fünf

Seiten, bis er merkte, dass er in der Lektüre für Deutsch las. Er konnte beide Sprachen fast gleich gut. Es lag nicht an dem deutschen Text, dass er nichts verstand. Er legte das Buch fort, ging in den Stall und schaute noch einmal nach Eyes and Ears. Der lag neben seiner Mutter. David ließ ihn und prüfte nicht, ob er schlief. Er konnte nicht helfen. Essen konnte er auch nicht. Das Schlucken fiel ihm so schwer wie dem Fohlen.

Es wurde eine unruhige Nacht, in der er erst gegen Morgen einschlief. Bevor sein Wecker ging, wurde er in der frühen Dämmerung von seiner Mutter geweckt.

Day Day war angekommen!

Das Brieftaubenpferd hatte seine Post abgeliefert. Noch in der Dunkelheit war Davids Mutter mit dem Tierarzt und zwei Pferden zum Silver Creek gefahren und im ersten Licht den Berg hinauf geritten.

«Ich hab ihm nichts gegeben, Mom», versicherte David, «er muss irgendwas gefressen haben.»

Aber seine Mutter hatte gar keine Fragen gestellt.

Der Tierarzt bestätigte Davids Beobachtungen und zog eine Spritze auf. Die Halsmuskeln des Fohlens entspannten sich. Trotzdem mussten David und seine Mutter es halten, als der Tierarzt einen dünnen Schlauch in die Speiseröhre führte.

«Nun kann er wieder trinken», sagte er dann. «Er ist ziemlich schwach. Du hättest uns eher rufen sollen, David. Was hast du dir dabei gedacht?»

David antwortete nicht.

Der Tierarzt fuhr den Transporter zurück. Davids Mutter blieb. Sie hatte

entschieden, dass sie warten würde, bis Eyes and Ears wieder kräftiger war, und dann würden sie alle zusammen zurückreiten. Am ersten Tag mit seiner Mutter fühlte sich David überhaupt nicht wohl. Dann aber begriff er: Sie würde ihn nicht fragen, was er mit dem anderen Handy gemacht hatte. Sie fragte ihn auch nicht, warum er Eyes and Ears' Zustand so spät bemerkt hatte. Zwar wusste sie nichts von Lilian, aber David wurde klar: Sie hatte alles verstanden. Sie half ihm sogar, das Handy aus dem Spalt zu holen, und als er es wieder in den Händen hielt und sie unsicher anschaute, nickte sie nur. Er steckte es ein. Auch diese Batterie war nun leer. Erst zu Hause würde er Lilians Stimme auf der Mailbox anhören können.

Das war eine Woche später. Er hatte es die ganze Zeit in der Tasche gehabt, sodass er es jederzeit bei allen Arbeiten und auf allen Ritten leicht und unauffällig berühren konnte. Er glaubte dabei zu spüren, wie die Mailbox täglich um 15:50 Anrufe von Lilian sammelte. Aber als er wieder auf der Ranch war und es aufgeladen hatte, wartete nur diese eine Nachricht für ihn. Er rief die Mailbox auf und hörte die Stimme seines Bruders. «Du bist ein Idiot, Davie», teilte Dennis ihm mit, «ehrlich, von Pflanzen hast du keine Ahnung. Deine großartige botanische Entdeckung, deine duftende rosa Blume ist eine ganz gewöhnliche Indianernessel. Wächst auf jedem Schutthaufen …»

David stellte das Handy ab. Wie lange stand er am Fenster und schaute hinaus, ohne zu bemerken, dass die Fohlen auf der Hausweide spielten? Dann endlich sah er sie.

Er öffnete das Fenster, und wieder hörte er die Stimme seines Bruders:

«Lauf, Eyes! Du schaffst es.»

«Mom! Davie! Eyes hat Sito eingeholt!!»

Ein typischer «Trinker der Lüfte» mit dem hoch aufgerichteten Hals, dem kurzen Rücken, der geraden Kruppe und dem hoch angesetzten Schweif.

Klassischer Araberkopf mit den «Zitronenaugen», den kleinen Ohren, der nach innen gebogenen Nasenlinie und dem schmal angesetzten Hals.

Die Kraft zum Fliegen ohne Flügel

Vollblutaraber

Gibt es ein Pferd auf dieser Erde oder ein anderes Wesen oder überhaupt nur irgendetwas, über das so viele Geschichten erzählt werden wie über das arabische Pferd?
Als Gott das Pferd erschuf, heißt es in arabischen Legenden, habe er zu ihm gesagt: «Ich habe dir die Kraft zum Fliegen verliehen ohne Flügel» und «… das Gute sei gebunden an deine Stirnhaare …»
Wer arabische Pferde kennt, zweifelt nicht an der Wahrheit dieser Sätze. Wann aber war das? Wann kam das arabische Vollblut in diese Welt? Immer wieder wird die Vermutung geäußert, der Araber sei ein Urpferd. Das stimmt wahrscheinlich nicht. Es scheint erwiesen, dass es auf der arabischen Halbinsel erst ziemlich spät überhaupt Pferde gab. Aber im Norden des Iran, am Kaspischen Meer, entdeckte man das Kaspische Pony (bis 1.20 m Stockmaß), das die älteste noch lebende Pferderasse, ein echtes Wildpferd und Nachkomme des Urpferdes ist. Es sieht ziemlich genau so aus wie ein sehr kleiner Araber. Es hat den zartgliedrigen Körperbau des Arabers, den kurzen Rücken und vor allem den feinen Kopf mit der leicht nach innen gebogenen Nasenlinie. Damit scheint

erwiesen, dass eine Miniaturform des Arabers doch ein Urpferd ist.
Es war Mohammed, der Prophet, der Begründer des Islam, der um 600 n. Chr. die sorgfältige Pferdezucht zu einer religiösen Pflicht erhob. «Falls einer nicht all seinen religiösen Verpflichtungen nachkommen kann, so möge er ein asiles (reinrassiges) Pferd zur Ehre Gottes halten und alle seine Sünden werden ihm vergeben werden», war seine Forderung.
Durch die harten Lebensbedingungen in der Wüste entstand ein Pferd, das außerordentlich widerstandsfähig, ausdauernd und gesund ist und mit sehr kargem Futter auskommt. Es lebte immer dicht bei den Zelten seiner Menschen oder gar mit ihnen im Zelt, so wurde es sehr menschenbezogen und ist trotz seines hohen Temperamentes äußerst umgänglich.
Arabisches Blut fließt in nahezu allen heutigen Reitpferden und Ponys. Der Araber gehört zu den Stammvätern des englischen Vollblüters, der alle Sportpferderassen beeinflusst. Auch der Haflinger geht auf einen Araber zurück. Noch heute werden in der Warmblutzucht immer wieder arabische Hengste zur Veredlung eingesetzt. Seit Jahrhunderten ist die Abkürzung «ox» das Zauberwort der Pferdezucht. Wenn das hinter dem Namen eines Pferdes steht, also z. B. Sameth ox, dann weißt du: Dieses Pferd ist ein arabischer Vollblüter.
Die meisten Araber sind Schimmel, aber es gibt auch etliche Braune und einige Füchse und Rappen. Und Lavendelpferde? Das ist keine Erfindung von mir. Diese blassblauen Fohlen werden geboren, aber sie sind nicht lebensfähig.
Dabei ist der arabische Vollblüter selber nicht auf allen Gebieten des Reitens zu Höchstleistungen fähig. Mit bis zu 1,50 m Stockmaß ist er

für den modernen Reitsport meist zu klein. Durch seinen hoch angesetzten Schweif kann er mit den Hinterbeinen nicht so leicht unter den Körper treten, wie es für Dressurübungen erforderlich ist. Aber er ist mit allen Siegern dieser Disziplinen verwandt und bei Distanzritten gehört er immer zu den Favoriten.
Und wenn man alle Eigenschaften dieser Pferde, die ich hier aufgezählt habe, zusammenzieht, dann ergibt sich noch eine weitere: ihre Schönheit.
Nun also sollte ich euch beschreiben, wie ein Vollblutaraber aussieht, aber das kann ich nicht. Das ist eine Lebensaufgabe. Jahre, Jahrzehnte müsste ich nach Worten suchen und üben, um die Schönheit des Arabers in Sätzen auszudrücken. Da will ich lieber einen zitieren, der genau das getan hat:
Ein reicher Wüstenscheich suchte viele Jahre nach der idealen Stute. Er reiste durch das ganze Land und ließ sich überall die besten Pferde vorführen. Dabei hatte er ein Problem. Er war blind. Einer seiner Söhne musste ihn begleiten, und die Lebensaufgabe dieses jungen Mannes war, dem Vater die Pferde zu beschreiben. Brauchte es wirklich Jahre, bis die beiden die ideale Stute fanden? Das glaube ich nicht. Zu viele Vollblutaraber scheinen mir dicht an der Vollkommenheit zu sein. Vielleicht ist es wahrscheinlicher, dass der Sohn lange üben musste, bis er diese Worte fand:

Der Ausdruck in ihren Augen gleicht dem einer liebenden Frau;
der Gang dem eines schönen Weibes;
ihre Brust ist wie die eines Löwen;
ihre Flanke wie die einer Gazelle.
Sie ist die Trinkerin des Windes;

sie trottet wie ein Wolf und galoppiert wie ein Fuchs;
ihr Fell ist wie ein Spiegel, ihr Haar so dicht wie Federn auf Adlers Schwingen;
ihr Huf ist so hart wie ein Stein, von dem man Feuer schlagen kann;
sie ist sanft wie ein Lamm, aber wie ein Panther im Zorn, wenn sie geschlagen oder gereizt wird.
Ihre Nüstern sind geöffnet wie Blütenblätter einer Rose.
Ihre Schultern verwandeln sich in Flügel, wenn sie rennt.
Ihre Beine sind stark wie die eines wilden Straußes und bemuskelt wie jene des Kamels.
Ihre Augenwimpern sind lang wie Gerstenähren und die Ohren wie die zweier Halbedelsteine eines Speerkopfes!

Der blinde Wüstenscheich kaufte dieses Pferd. Es war sicher eine gute Wahl. Lange vor ihm, so glauben die Araber, hatte ein anderer eine gute Wahl getroffen, eine sehr gute Wahl. So hätten wir auch entschieden:
Gott zeigte Adam alle Dinge, die er geschaffen hatte, und er sagte:
«Wähle dir von meinen Geschöpfen, was du willst.»
Adam erwählte das Pferd.

Temperamentvoll und spritzig – ein typischer Isländer.

Sanft und zuverlässig – ein anderer typischer Isländer? Es ist dasselbe Pony. So vielseitig kann ein und dasselbe Islandpferd sein.

Ein Stern an seiner Stirn

Das Islandpferd

Nichts gibt es zu fürchten.
Kühle steigt empor aus Schluchten,
und der Bach
rieselt in Senken
hinter mir.
Nichts gibt es zu fürchten.
Das Pferd weiß den Weg,
es strebt in die Nacht,
ein Stern an seiner Stirne.
Hannes Pétursson

Genauso ist es. Und dabei ist es gleichgültig, ob das Pony den Stern leuchtend weiß an seiner Stirne trägt, wie mein schwarzer Isländer Starkadur, oder ob er unsichtbar unter der Fellfarbe strahlt. Er erhellt unseren Weg und nichts gibt es zu fürchten, wenn du ein Islandpferd reitest.

«Eisland» hieß die kleine Insel hoch im Norden – Island –, wer wollte schon da hin? Um das Jahr 900 herum wurde sie von Menschen besiedelt, die sich ihren Herrschern entziehen wollten, die Freiheit suchten. Was nahmen sie mit? Nur das Wichtigste, vor allem: Pferde. Zwei Geschichten aus dieser Zeit der «Landnahme» beschreiben das ganze Wesen jenes kleinen Pferdes, das zum Islandpferd werden sollte. Zwei Geschichten müssen es sein, denn eine reicht nicht.

Ein mit Pferden beladenes Schiff landete auf Island. Und kaum fühlte eines endlich wieder festen Boden unter seinen Hufen, da riss es sich los und stürmte davon. Es war eine junge Stute. Sie verschwand in den Wäldern, die damals die Insel noch bedeckten.

Thórir war ein Freigelassener mit wenig Geld. Eines der kostbaren Pferde konnte er nicht bezahlen. Darum kaufte er die verschwundene Stute. «Thórir kaufte die Hoffnung» heißt es in der alten Geschichte. Er suchte die Stute und er fand sie. Fluga – Fliege – wurde sie genannt. Sie war das schnellste Pferd auf der Insel und gewann ein Rennen, das Thórir viel Geld einbrachte.

Die andere Geschichte erzählt auch von einer Stute: Skálm (seltsamer Name für eine Stute, er bedeutet «Schwert» oder «Hosenbein»). Sie lief nicht davon. Ein Meermännlein hatte der Familie geweissagt: «Da, wo die Stute sich niederlegt, sollt ihr bleiben.» Geduldig trug Skálm ihre Last und sie legte sich erst hin, als sie einen vorzüglichen Siedlungsplatz erreicht hatten.

Fluga und Skálm – zwei völlig verschiedene Pferde?

Merkwürdig ist, dass auch Skálms Mensch Thórir hieß. Und noch seltsamer ist, dass diese beiden Stuten, die so verschiedene Leben hatten, auf die gleiche Weise zu Tode kamen: Sie ertranken in einem Sumpf.

Ich meine, Fluga und Skálm sind ein und dasselbe Pferd, das Islandpferd eben, freiheitsliebend, spritzig, schnell und zuverlässig, arbeitswillig – weise …

Es müssen sehr unterschiedliche Pferde gewesen sein, die ab 900 auf Island eine Heimat fanden, englische und irische Ponys, Nordpferde aus Norwegen und ganz sicher auch welche mit orientalischer Abstammung. Daraus entstand das Islandpferd – oder ist es nicht doch ein Pony? Ich persönlich nenne es gern Pony, denn mit einem Stockmaß von 1,30 m bis 1,45 hat es ohne Zweifel Ponymaße, und ich finde, es sieht mit seiner dicken Mähne auch wie ein Pony aus.
Nicht lange nach dieser «Landnahme» wurde auf Island beschlossen, dass keine weiteren Pferde mehr eingeführt werden dürfen. So wird das Islandpony also seit über 1000 Jahren ohne Einkreuzung anderer Pferde gezüchtet und ist damit eine der ältesten Pferderassen der Erde.
Die Insel braucht auch keine anderen Pferde, das Islandpony hat ja alles: Eine Herde Isländer ist bunt, es gibt nahezu alle Farben, auch Schecken, Isabellen, Erdfarbene, Windfarbene, Falben mit dem schwarzen Strich auf dem Rücken. Wenn sie an dir vorbeigaloppieren, schäumt ihr langes Haar wie eine Springflut im Mähnenmeer …
Und mit drei Gangarten – Schritt, Trab, Galopp – ist ein Isländer nicht zufrieden. Er verfügt noch über eine vierte und oft auch eine fünfte Gangart: Tölt und Rennpass.
Tölt ist so etwas wie ein sehr schnell gelaufener Schritt. Es gibt keine Schwebephase und darum ist dieser Gang so leicht zu sitzen. Aber man muss das reiten können und dem Pferd genau die richtige Mischung zwischen Spannung und Lockerheit geben, sonst wird das Pony fest im Rücken und auf Dauer wird ihm das schaden. Wer ein Islandpferd reitet, sollte also in einer entsprechenden Reitschule Unterricht nehmen. Dann ist diese sprudelnde Bewegung der Champagner unter den Gangarten ...

Rennpass ist etwas für erfahrene Gangartenreiter und wird nur über kurze Strecken geritten. Wenn das Pferd vom Galopp in den Rennpass gleitet, hast du das Gefühl, es wird so zehn Zentimeter kleiner, es duckt sich wie ein Vogel vor dem Abflug – und dann fliegt es ja auch ...
Über die Beziehung zwischen den Isländer-Menschen und ihren Pferden, schrieb Gudmundur Ingi Kristjánsson:

Gleiches Schicksal wiederfährt
Mann und Ross im Lande.
Es knüpfen Isländer und Pferd
glückdurchwirkte Bande.

Das wünsche ich euch auch. Ich gebe euch das geheime Zauberwort für «glückdurchwirkte Bande» auf isländisch. Schreibt es euch auf die Innenflächen beider Hände. Und wenn ihr euer Pferd oder Pony streichelt, sollt ihr sie beide spüren:

heillastrengjum bundu

Schon das Fohlen zeigt hier eine versammelte Haltung, geradezu eine Piaffe, den Trab auf der Stelle, und das ist eine Übung der hohen Dressur. Man sieht deutlich die gut bemuskelte Kruppe.

Typisches Appaloosa-Auge mit der gefleckten Haut und dem Weiß um die Pupille wie bei einem Menschen.

Rollender-Donner-in-den-Bergen

Appaloosa

Nein, Rollender-Donner-in-den-Bergen ist nicht der Name eines wichtigen Appaloosahengstes. Es ist der Mann, mit dem diese berühmteste indianische Pferdezucht unterging.

Die Nez Percé Indianer lebten im Nordwesten Amerikas. Sie wurden von den Weißen auf ein immer kleineres Gebiet zusammengedrängt. 1877, als in der Gegend Gold gefunden wurde, sollten sie ihre Heimat verlassen. Sofort! Häuptling Rollender-Donner-in-den-Bergen, den die Weißen Chief Joseph nannten, bat um Zeit. Er musste sein Volk über den Snake River führen, der im Mai wegen der Schneeschmelze in den Bergen 400 Meter breit, reißend und eiseskalt war. Es wurde ihm kein Aufschub gewährt. Im Snake River ertranken viele Nez Percé Indianer, vor allem Alte und Kinder, und fast die Hälfte ihrer ungefähr 2000 Appaloosa, vor allem die trächtigen Stuten. Ein paar junge Nez Percé wollten sich rächen und überfielen weiße Siedler. Als Vergeltung dafür wurden sie von der US-Army verfolgt. Sie flohen nach Kanada. Fast erreichten sie die Grenze. Das verdankte das geschwächte Volk seinen Pferden, die schnell, hart, ausdauernd und zuverlässig waren. Doch sie wurden eingeholt. Chief Joseph ließ sich nicht auf einen sinnlosen Kampf mit den Soldaten ein und kapitulierte. Die Pferde flohen in die Berge oder wurden von den Soldaten erschossen oder verkauft. Die größte indianische Pferdezucht war vernichtet.

Das war das Ende. Und so hatte es angefangen:

Vor allem spanische Pferde liefen bei der Besiedlung des Kontinents davon und verwilderten. Es können gefleckte Pferde dabei gewesen sein, denn diese Farbe war damals in Europa beliebt. Die Nez Percé Indianer selber erzählen die Geschichte anders: Über das Große Wasser (Pazifik) sei ein Schiff gekommen. Drei Hengste seien von Bord gesprungen und an Land geschwommen. Sie hätten silbrig weiße Körper mit dunklen Flecken gehabt und ihr Maul sei gesprenkelt gewesen.

Die Nez Percé bauten die größte indianische Pferdezucht auf und sie züchteten gezielt die Farben, die ihr in diesem Buch seht.

Warum eigentlich?

Wenn Indianer zur Jagd oder in den Kampf ritten, wollten sie nicht nur sich, sondern auch ihre Pferde mit einem starken Zauber schützen. Darum malten sie den Pferden magische Zeichen auf Hals, Brust und Kruppe. Natürlich hatten sie keine wasserfesten Farben. Beim Durchqueren von Flüssen oder im Regen wurden Zeichen und Zauber abgewaschen. Das Appaloosapferd aber mit den Punkten auf der hellen Kruppe wurde oft mit ganz ähnlichen Zeichen geboren. So entstand an den Ufern des Palouse River dieses Pferd, «a Palouse Horse» wurde es genannt, dann nur noch «a Palouse» und schließlich Appaloosa.

Appaloosa ist eine Rasse, nicht die Bezeichnung für eine Farbe. Es gibt auch einfarbige Appaloosa, die zum Glück genauso hoch geschätzt werden. Typisch sind diese Fellzeichnungen:

Leopard (deutsch: Tigerschecke, obwohl Tiger doch Streifen haben!) ist weiß mit kleinen dunklen Flecken über den ganzen Körper.
Das Gegenteil davon ist der Schneeflockenschecke. Er ist dunkel mit hellen Punkten.
Der Schabrackenschecke ist vorn dunkel, seine Kruppe oder der ganze Rücken sind weiß, darin können dunkle Punkte sein.
Und dann gibt es noch die Roans. Sie sind dunkel und haben über den ganzen Körper verteilt weiße Haare, ähnlich wie ein junger Schimmel.
Die Haut des Appaloosa ist gefleckt. Das sieht man an allen unbehaarten Stellen.
Wichtiger als die Farbe aber ist: dies sind perfekt gebaute Reitpferde, die alles können. Im Sport sieht man sie fast nur in der Westernreiterei, eigentlich müssten sie besonders gut in der Vielseitigkeit sein. Vor allem aber sind sie wegen ihrer Menschenfreundlichkeit vorzügliche Familienpferde.
Nach der Vertreibung der Nez Percé waren die überlebenden Pferde über das ganze Land verstreut. Eine Appaloosa-Zucht gab es nicht mehr. Erst Jahrzehnte später erinnerte sich jemand an diese Pferderasse. Der Rancher Claude Thompson suchte gezielt nach diesen Pferden, und 1938 konnte der Appaloosa Horse Club gegründet werden. Heute ist der Appaloosa nach dem Quarter Horse und dem Englischen Vollblüter die häufigste Pferderasse der Erde. Es gibt derzeit zwischen 600.000 und 700.000 Appaloosapferde.
Und Nez Percé Indianer? Wie viele gibt es noch? Sehr viel weniger, zwischen 2500 und 3000. Und wie leben sie? Immerhin wieder in ihrer alten Heimat, aber in einem viel kleineren Reservat. Um das, was ihnen damals genommen wurde, kämpfen sie noch heute.

Unsere Stars

auf den Himmelshufen mitten im Mähnenmeer

In schlichtem Schwarz-Weiß leiten sie jedes Kapitel der sechs Bände meiner Pferdebuchreihe *Hufspuren* ein: die Pferdefotos von Wolfgang Schmidt. Und nur vorn als Titelbild haben sie einen Auftritt in Farbe, sechs farbige Bilder also und insgesamt 78 für die Kapitel mussten ausgewählt werden aus einigen Hundert hinreißender Pferdefotos. Sollten wir die wirklich unveröffentlicht in einer Schublade verschwinden lassen? Das schien nicht sinnvoll, und es entstand die Idee, so etwas wie ‹das Umkehrbuch zu den Hufspuren› zu machen, also nicht Bilder auswählen, die zu der Geschichte passen, sondern Geschichten passend zu den Bildern schreiben.

Damit erhielt ich die schönste Schreibaufgabe meines Lebens. Tagelang habe ich nichts anderes getan, als die Parade der Fotos von Wolfgang Schmidt an mir vorbeiziehen zu lassen, immer auf der Suche nach der Geschichte, die in den Bildern verborgen war.

Was daraus geworden ist, habt ihr gerade gelesen. Wollt ihr noch mehr erfahren über die Menschen und Pferde, die ihr hier kennengelernt habt? Pardal tritt erst in *Band 6: Der Himmel auf Pferden* auf. Da ist er dann 15 und reitet sein Himmelspferd, mit dem er aber viel lieber auf der Erde geblieben wäre …

Christinas und Svalas Geschichte erzähle ich in *Band 3: Vier Beine für Christina.* Die beiden sind längst allerbeste Freunde. Das ist eine Lösung für vieles, aber es wird auch zu einem Problem ...
Über David könnt ihr in *Band 5: Das Feuerfohlen* mehr erfahren. Er ist in diesem Buch zum zweiten Mal so richtig verliebt. Was sein Appaloosa-Fohlen Sitopanaki erlebt hat, erzählt er hier selber …
Wenn ihr noch mehr über diese Menschen und Pferde wissen wollt, könnt ihr mir schreiben:
christaludwig@gmx.de

Und jetzt möchte ich mich noch bei allen jenen bedanken, die bei der Entstehung und Gestaltung dieses Buches mitgewirkt haben:
Zuallererst natürlich bei Wolfgang Schmidt, ohne dessen Fotos das Buch überhaupt nicht entstanden wäre …
… dann bei Maria A. Kafitz und Bianca Bonfert, die formend und gestaltend aus Text und Bild eine Einheit geschaffen haben …
… bei meiner Lektorin Evelies Schmidt, die mich mit vielen Ideen bei dem Entstehen der Geschichten und der Suche nach den richtigen Titeln begleitet hat …

Einige Teile dieses Buches habe ich von Pferdefachleuten gegenlesen lassen.
Also danke ich meiner Reitlehrerin Gaby Matscheko vom Islandpferdehof Hegau im Bodenseehinterland, wo mein Isländer Starkadur wohnt …
… und Birgit Schorpp vom Appaloosa-Gestüt Wide Meadow bei Villingen-Schwenningen.

Am allermeisten aber muss ich mich bei jenen bedanken, die hier meine Hauptrollen spielen, die Ponys und Pferde auf den Himmelshufen mitten im Mähnenmeer.
Es sind:
die Islandpferde vom Gestüt Hülbehof bei Rottenburg, südlich von Stuttgart,
die arabischen Vollblüter vom Gestüt El Naarah zwischen Stuttgart und Pforzheim
und die Appaloosa vom Gestüt Wide-Meadow bei Villingen-Schwenningen.

HUFSPUREN

Der Himmel auf Pferden

219 Seiten, mit sw-Fotos, geb.
ISBN 978-3-7725-2361-8

220 Seiten, mit sw-Fotos, geb.
ISBN 978-3-7725-2362-5

219 Seiten, mit sw-Fotos, geb.
ISBN 978-3-7725-2363-2

215 Seiten, mit sw-Fotos, geb.
ISBN 978-3-7725-2364-9

216 Seiten, mit sw-Fotos, geb.
ISBN 978-3-7725-2365-6

219 Seiten, mit sw-Fotos, geb.
ISBN 978-3-7725-2366-3